Amar Saraswat

Revolução Algorítmica: Redefinir o futuro com a IA

Revolução Algorítmica: Redefinir o futuro com a IA

Amar Saraswat

Revolução Algorítmica:
Redefinir o futuro com a IA

ScienciaScripts

Imprint
Any brand names and product names mentioned in this book are subject to trademark, brand or patent protection and are trademarks or registered trademarks of their respective holders. The use of brand names, product names, common names, trade names, product descriptions etc. even without a particular marking in this work is in no way to be construed to mean that such names may be regarded as unrestricted in respect of trademark and brand protection legislation and could thus be used by anyone.

Cover image: www.ingimage.com

This book is a translation from the original published under ISBN 978-620-7-48657-1.

Publisher:
Sciencia Scripts
is a trademark of
Dodo Books Indian Ocean Ltd. and OmniScriptum S.R.L publishing group

120 High Road, East Finchley, London, N2 9ED, United Kingdom
Str. Armeneasca 28/1, office 1, Chisinau MD-2012, Republic of Moldova, Europe
Printed at: see last page
ISBN: 978-620-7-87595-5

Revolução Algorítmica: Redefinir o futuro com a IA

Por

Dr. Amar Saraswat
Prof. Assistente - Departamento de CSE
Escola de Engenharia e Tecnologia
K. R. Mangalam University, Gurugram

Índice

Capítulo 1: Introdução à Revolução Algorítmica

Introdução

A Revolução Algorítmica é um farol de inovação e progresso na paisagem contemporânea, pronta a redefinir o próprio tecido da existência humana. No seu cerne, esta revolução representa uma mudança de paradigma na forma como percebemos e aproveitamos o poder dos algoritmos e da inteligência artificial (IA) para resolver problemas complexos e moldar o nosso futuro coletivo. Ao contrário de qualquer outra época da história, encontramo-nos no nexo de descobertas tecnológicas que prometem impulsionar a humanidade para novas fronteiras de conhecimento e capacidade.

Ao traçar as origens da Revolução Algorítmica, descobrimos uma rica tapeçaria de investigação científica, avanços tecnológicos e aspirações sociais. Desde o trabalho pioneiro de Alan Turing até ao nascimento das redes neuronais e da aprendizagem profunda, a trajetória evolutiva dos algoritmos reflecte a nossa procura incessante de compreensão e domínio das complexidades do mundo natural. Além disso, a convergência do poder computacional, dos grandes volumes de dados e da colaboração interdisciplinar catalisou um renascimento da investigação em IA, impulsionando um crescimento exponencial tanto em termos de capacidades como de aplicações.

No centro da Revolução Algorítmica está a noção de democratização - a ideia de que o acesso a algoritmos de ponta e a ferramentas de IA não deve ser o domínio exclusivo de um grupo restrito, mas sim um direito fundamental de todos. Como tal, assistimos a uma proliferação de plataformas de código aberto, iniciativas de colaboração e recursos educativos destinados a capacitar indivíduos e comunidades para participarem na co-criação do nosso futuro tecnológico. Esta democratização anuncia uma nova era de inclusão e inovação, em que diversas vozes e perspectivas convergem para enfrentar desafios globais prementes.

Além disso, a Revolução Algorítmica transcende as fronteiras das disciplinas tradicionais, promovendo a colaboração interdisciplinar e a polinização cruzada de ideias. Quer seja nos domínios dos cuidados de saúde, das finanças, dos transportes ou da educação, o potencial transformador dos algoritmos não tem limites. Ao aproveitar o poder da IA para analisar vastos conjuntos de dados, otimizar processos e aumentar a tomada de decisões humanas, abrimos oportunidades sem precedentes de eficiência, eficácia e conhecimento.

No entanto, a Revolução Algorítmica também levanta questões profundas sobre ética, equidade e o futuro do trabalho. À medida que os algoritmos se tornam cada vez mais integrados na nossa vida quotidiana, temos de enfrentar questões de parcialidade, transparência e responsabilidade para garantir que servem o bem maior e defendem os princípios da justiça e da equidade. Além disso, a deslocação de postos de trabalho pela automatização e pelas tecnologias baseadas na IA exige uma reavaliação das nossas estruturas socioeconómicas e um esforço concertado para requalificar e reconverter a mão de obra para os empregos de amanhã.

Ao navegar pelas complexidades da Revolução Algorítmica, é imperativo que adoptemos uma abordagem centrada no ser humano que dê prioridade ao bem-estar e à dignidade dos indivíduos e das comunidades. Ao promover uma cultura de inovação responsável e de design inclusivo, podemos aproveitar todo o potencial dos algoritmos e da IA para enfrentar os desafios mais prementes da humanidade, desde as alterações climáticas às disparidades nos cuidados de saúde. Além disso, ao promover a colaboração e a cooperação entre fronteiras e sectores, podemos garantir que os benefícios da Revolução Algorítmica são partilhados de forma equitativa e sustentável.

Em conclusão, a Revolução Algorítmica representa um momento decisivo na história da humanidade, marcado pela convergência da tecnologia, da ciência e da sociedade. Como estamos à beira de uma nova era de possibilidades e potencial, vamos aproveitar as oportunidades oferecidas pelos algoritmos e pela IA para construir um futuro que seja justo, equitativo e próspero para todos. Ao aproveitarmos o poder transformador da tecnologia para um bem maior, podemos traçar o caminho para um mundo mais inclusivo, sustentável e resiliente para as gerações vindouras.

1.1 Definição e âmbito da revolução algorítmica

A Revolução Algorítmica representa uma mudança sísmica na forma como abordamos a resolução de problemas, a tomada de decisões e a execução de tarefas em vários domínios. No seu cerne, esta revolução incorpora a fusão de tecnologias de ponta como a Inteligência Artificial (IA), a aprendizagem automática e algoritmos avançados para automatizar, otimizar e inovar processos que antes dependiam da intervenção humana. O seu âmbito transcende as fronteiras tradicionais, penetrando em sectores tão diversos como os cuidados de saúde, as finanças, os transportes e a educação, remodelando profundamente o tecido da sociedade moderna.

No centro da Revolução Algorítmica está o conceito de pensamento algorítmico - a capacidade de decompor problemas complexos em componentes geríveis e desenvolver abordagens sistemáticas e baseadas em dados para os resolver. Esta mentalidade permite-nos extrair conhecimentos de vastos conjuntos de dados, descobrir padrões que escapam à cognição humana e obter inteligência acionável para orientar a tomada de decisões. Quer se trate de prever surtos de doenças, otimizar cadeias de fornecimento ou personalizar experiências de aprendizagem, os algoritmos são os elementos fundamentais desta revolução, permitindo-nos enfrentar desafios com uma eficiência e precisão sem precedentes.

O âmbito da Revolução Algorítmica vai para além da mera automação; abrange a transformação de indústrias inteiras e a criação de novos paradigmas económicos. Nos cuidados de saúde, por exemplo, os algoritmos estão a revolucionar os diagnósticos, a descoberta de medicamentos e os regimes de tratamento personalizados, dando início a uma era de medicina de precisão que promete melhores resultados em termos de saúde para indivíduos em todo o mundo. Do mesmo modo, nas finanças, os algoritmos de negociação estão a remodelar a dinâmica dos mercados, impulsionando a eficiência, a liquidez e as estratégias de investimento de formas anteriormente inimagináveis.

Além disso, a Revolução Algorítmica está a democratizar o acesso ao conhecimento, aos recursos e às oportunidades a uma escala global. Através de plataformas de código aberto, cursos online e comunidades colaborativas, indivíduos de diversas origens podem aprender, experimentar e contribuir para o avanço da IA e dos algoritmos, desencadeando uma onda de inovação que transcende as fronteiras geográficas e as barreiras institucionais. Esta democratização não só promove a inclusão, como também acelera o ritmo da descoberta e da inovação, amplificando o potencial transformador da Revolução Algorítmica.

No entanto, no meio das oportunidades ilimitadas que a Revolução Algorítmica apresenta, há também desafios e considerações éticas que devem ser abordados. Desde o preconceito e a discriminação algorítmica até às violações da privacidade e às ameaças à segurança dos dados, a proliferação descontrolada da IA e dos algoritmos apresenta riscos que exigem uma supervisão vigilante, regulamentação e orientações éticas. Além disso, a deslocação de empregos pela automatização e o aumento das disparidades socioeconómicas sublinham o imperativo de garantir que os benefícios da revolução algorítmica sejam distribuídos equitativamente por toda a sociedade.

Em conclusão, a Revolução Algorítmica representa um momento decisivo na história da humanidade, oferecendo oportunidades sem paralelo para aumentar a produtividade, melhorar a tomada de decisões e enfrentar alguns dos desafios mais prementes da humanidade. O seu âmbito transcende fronteiras, remodelando indústrias, economias e sociedades de formas que antes eram inconcebíveis. No entanto, à medida que navegamos neste admirável mundo novo dos algoritmos e da IA, temos de nos manter vigilantes na proteção contra as suas potenciais armadilhas, garantindo que os benefícios são partilhados equitativamente e que as considerações éticas orientam a nossa viagem para um futuro mais inclusivo e sustentável.

1.2. Contexto histórico e evolução

Ao aprofundar o contexto histórico e a evolução da Inteligência Artificial (IA), embarcamos numa viagem que se estende ao longo de séculos, marcada por marcos fundamentais, retrocessos e avanços notáveis. As raízes da IA remontam às civilizações antigas, onde filósofos e académicos contemplavam o conceito de seres artificiais e automação mecânica. No entanto, só em meados do século XX é que a IA começou a tomar forma como uma disciplina formal, impulsionada pelas ideias visionárias de pioneiros como Alan Turing, que conceptualizou o Teste de Turing como uma referência para a inteligência das máquinas.

A era pós-Segunda Guerra Mundial assistiu a um aumento do interesse pela IA, impulsionado pelo rápido progresso tecnológico e pelo florescimento do domínio das ciências informáticas. A Conferência de Dartmouth de 1956, organizada por John McCarthy e na qual participaram personalidades como Marvin Minsky e Herbert Simon, lançou as bases da investigação em IA como disciplina académica distinta. Este período, muitas vezes referido como o "verão da IA", testemunhou projectos ambiciosos e aspirações elevadas, alimentadas pela crença de que as máquinas poderiam ser dotadas de uma inteligência semelhante à humana.

No entanto, o otimismo inicial em torno da IA depressa deu lugar a uma realidade sóbria, à medida que os investigadores se debatiam com desafios formidáveis e se deparavam com limitações fundamentais. O "inverno da IA" das décadas de 1970 e 1980 caracterizou-se pela desilusão e por cortes no financiamento, uma vez que os primeiros sistemas de IA ficaram aquém das expectativas e não cumpriram a promessa de uma inteligência de uso geral. Apesar dos contratempos, o período não foi desprovido de progressos, uma vez que os investigadores fizeram progressos significativos em áreas como os sistemas especializados, o processamento de linguagem natural e a robótica.

O ressurgimento da IA no final do século XX pode ser atribuído a vários factores, incluindo a proliferação de poderosos recursos de computação, os avanços nos algoritmos de aprendizagem automática e o aparecimento de grandes volumes de dados. O advento das redes neuronais e das técnicas de aprendizagem profunda revolucionou este domínio, permitindo que as máquinas aprendam com vastos conjuntos de dados e executem tarefas complexas com uma precisão sem precedentes. Esta mudança de paradigma, associada aos avanços no hardware e à ascensão da computação em nuvem, abriu caminho para a integração da IA na vida quotidiana, desde os assistentes virtuais aos sistemas de recomendação.

À medida que nos encontramos no precipício da quarta revolução industrial, a IA continua a evoluir a um ritmo alucinante, impulsionada pelo crescimento exponencial do poder computacional e pela convergência de disciplinas como a neurociência, a psicologia e a linguística. O surgimento da IA explicável e das considerações éticas veio sublinhar a importância da transparência e da responsabilidade nos sistemas de IA, à medida que a sociedade se debate com questões de parcialidade, justiça e responsabilidade algorítmica.

Olhando para o futuro, a trajetória da evolução da IA é simultaneamente estimulante e assustadora, à medida que nos confrontamos com as promessas e os perigos de um futuro moldado por máquinas inteligentes. Dos veículos autónomos à medicina personalizada, o potencial transformador da IA é a chave para enfrentar alguns dos desafios mais prementes da humanidade, ao mesmo tempo que levanta profundas questões éticas, sociais e existenciais. Como administradores desta tecnologia, cabe-nos a nós traçar um caminho que abrace a inovação e, ao mesmo tempo, proteja contra consequências indesejadas, garantindo que a Revolução Algorítmica se desenrole de uma forma que beneficie toda a humanidade.

1.3. Importância da revolução algorítmica na sociedade moderna

O significado da Revolução Algorítmica na sociedade moderna não pode ser exagerado. Na sua essência, esta revolução representa uma mudança fundamental na forma como abordamos a resolução de problemas, a tomada de decisões e a inovação. Um dos aspectos mais notáveis desta revolução é a sua capacidade de aproveitar o poder dos dados de formas anteriormente inimagináveis. Ao tirar partido de grandes quantidades de dados e de algoritmos sofisticados, podemos agora extrair informações valiosas, fazer previsões e automatizar tarefas com uma precisão e eficiência sem precedentes.

Além disso, a Revolução Algorítmica democratizou o acesso à informação e à tecnologia. Com a proliferação de software de código aberto, computação em nuvem e plataformas de aprendizagem em linha, indivíduos e organizações de todas as dimensões podem agora tirar partido de tecnologias de IA de ponta para impulsionar a inovação e resolver desafios complexos. Esta democratização nivelou as condições de concorrência, permitindo que as empresas em fase de arranque e os empresários concorram com os intervenientes estabelecidos a uma escala global.

Além disso, a Revolução Algorítmica está a provocar mudanças profundas em praticamente todos os sectores. Nos cuidados de saúde, as ferramentas de diagnóstico alimentadas por IA e a análise preditiva estão a revolucionar os cuidados aos doentes, permitindo a deteção precoce de doenças e planos de tratamento personalizados. Nas finanças, os algoritmos de negociação algorítmica estão a remodelar o panorama dos mercados financeiros, aumentando a eficiência e a liquidez, ao mesmo tempo que colocam novos desafios regulamentares.

Para além do seu impacto económico, a Revolução Algorítmica está também a remodelar a sociedade e a cultura de forma profunda. Desde o surgimento de algoritmos nas redes sociais que moldam as nossas experiências em linha até à utilização da IA em áreas criativas como a arte e a música, os algoritmos estão a influenciar cada vez mais a forma como percebemos e interagimos com o mundo que nos rodeia. No entanto, isto também levanta questões importantes sobre ética, preconceitos e as implicações sociais da tomada de decisões algorítmicas.

Além disso, a Revolução Algorítmica tem o potencial de exacerbar as desigualdades existentes se não for cuidadosamente gerida. Existe uma preocupação crescente de que as tecnologias de IA possam alargar o fosso entre os que têm e os que não têm, tanto dentro como entre países. Por conseguinte, é essencial garantir que os benefícios da IA sejam distribuídos de forma equitativa e que as populações vulneráveis não sejam deixadas para trás na era digital.

Além disso, a Revolução Algorítmica apresenta novos desafios para os decisores políticos, os reguladores e a sociedade em geral. À medida que as tecnologias de IA se tornam mais avançadas e generalizadas, há uma necessidade premente de desenvolver quadros de governação sólidos para garantir a sua utilização responsável e ética. Isto inclui a abordagem de questões como a privacidade, a transparência, a responsabilidade e o enviesamento algorítmico.

Apesar destes desafios, a Revolução Algorítmica é uma promessa imensa para o futuro. Ao aproveitar o poder da IA e dos algoritmos avançados, temos a oportunidade de enfrentar alguns dos desafios mais prementes com que a humanidade se depara, desde as alterações climáticas até às pandemias de saúde globais. No entanto, a concretização deste potencial exigirá a colaboração e a cooperação entre sectores e disciplinas, bem como o compromisso de utilizar a tecnologia como uma força para o bem.

The Significance of Algorithmic Revolution in Modern Society (O significado da revolução algorítmica na sociedade moderna):

1. Eficiência e produtividade:

A revolução algorítmica melhorou significativamente a eficiência e a produtividade em vários sectores da sociedade moderna. Ao automatizar tarefas repetitivas, otimizar processos e simplificar fluxos de trabalho, os algoritmos permitem que as organizações obtenham resultados mais elevados com menos recursos e custos reduzidos. Este aumento da eficiência impulsiona o crescimento económico e a competitividade, tanto a nível individual como organizacional.

2. Inovação e progresso:

A revolução algorítmica alimenta a inovação e impulsiona o avanço tecnológico em diversos domínios, como os cuidados de saúde, as finanças, os transportes e a educação. Ao utilizar algoritmos para análise de dados, reconhecimento de padrões e tomada de decisões, os investigadores, engenheiros e empresários podem desenvolver soluções inovadoras para problemas complexos, dando origem a novos produtos, serviços e indústrias. Este ciclo contínuo de inovação impulsiona o progresso da sociedade e faz avançar a civilização humana.

3. Personalização e customização:

Os algoritmos desempenham um papel fundamental na criação de experiências personalizadas e personalizadas para os indivíduos em vários aspectos das suas vidas. No comércio eletrónico, os algoritmos de recomendação analisam as preferências e os comportamentos dos utilizadores para sugerir produtos adaptados aos seus interesses, melhorando a experiência de compra e aumentando a satisfação do cliente. Do mesmo modo, na educação, as plataformas de aprendizagem adaptativa utilizam algoritmos para ajustar dinamicamente os conteúdos e as actividades com base nos estilos de aprendizagem e no desempenho dos alunos, facilitando percursos de aprendizagem personalizados.

4. Tomada de decisões com base em dados:

A revolução algorítmica capacita os decisores com conhecimentos e inteligência baseados em dados, permitindo-lhes tomar decisões informadas em tempo real. Ao analisar grandes quantidades de dados e ao identificar padrões, tendências e correlações, os algoritmos ajudam as empresas, os governos e as organizações a otimizar estratégias, a mitigar riscos e a aproveitar oportunidades. Desde o planeamento estratégico e a atribuição de recursos à gestão de riscos e à formulação de políticas, os algoritmos melhoram os processos de tomada de decisões e contribuem para resultados mais eficientes e eficazes.

5. Impacto social e capacitação:

A revolução algorítmica tem profundas implicações para a sociedade, influenciando vários aspectos da vida humana, incluindo a comunicação, a interação social e a governação. Os algoritmos dos meios de comunicação social moldam a divulgação de informações e influenciam a opinião pública, enquanto os algoritmos de policiamento preditivo têm impacto nas estratégias de aplicação da lei e na dinâmica da comunidade. Além disso, os algoritmos capacitam os indivíduos, proporcionando-lhes acesso a informações, recursos e oportunidades, democratizando o acesso ao conhecimento e promovendo a participação inclusiva na era digital.

6. Desafios éticos e sociais:

Apesar do seu potencial transformador, a revolução algorítmica também apresenta desafios éticos e sociais que devem ser abordados. Preocupações como o preconceito algorítmico, a violação da privacidade e a deslocação de postos de trabalho levantam questões sobre equidade, responsabilidade e justiça social. Além disso, a crescente dependência de algoritmos para processos críticos de tomada de decisões levanta preocupações sobre a transparência, a responsabilidade e o potencial para consequências não intencionais. Para enfrentar estes desafios, é necessária uma colaboração interdisciplinar, directrizes éticas e quadros regulamentares para garantir que as tecnologias algorítmicas servem os melhores interesses da sociedade, ao mesmo tempo que defendem princípios fundamentais de justiça, equidade e direitos humanos.

Em resumo, a revolução algorítmica revolucionou a sociedade moderna, transformando a forma como trabalhamos, comunicamos e interagimos com o mundo à nossa volta. Ao aproveitar o poder dos algoritmos, podemos desbloquear novas oportunidades, enfrentar desafios complexos e construir um futuro mais inclusivo, equitativo e sustentável para todos. No entanto, a concretização de todo o potencial das tecnologias algorítmicas exige uma inovação responsável, considerações éticas e o envolvimento da sociedade para garantir que servem o bem comum e beneficiam a humanidade no seu todo.

Em conclusão, a Revolução Algorítmica representa uma força transformadora que está a remodelar o nosso mundo de forma profunda. A sua importância na sociedade moderna não pode ser subestimada, uma vez que afecta praticamente todos os aspectos das nossas vidas e apresenta oportunidades e desafios para o futuro. Ao abraçar a inovação, fomentar a inclusão e promover uma gestão responsável das tecnologias de IA, podemos aproveitar todo o potencial da Revolução Algorítmica para criar um mundo mais próspero, equitativo e sustentável para as gerações vindouras.

Conclusão:

Em conclusão, a Revolução Algorítmica representa uma mudança sísmica na forma como entendemos e interagimos com a tecnologia, remodelando o próprio tecido da sociedade moderna. Definida pelo avanço incessante dos algoritmos e da inteligência artificial, esta revolução transcende a mera inovação tecnológica; marca uma transformação profunda na forma como abordamos a resolução de problemas, a tomada de decisões e a própria natureza da interação homem-máquina.

Na sua essência, a Revolução Algorítmica caracteriza-se pela proliferação e aperfeiçoamento sem precedentes de algoritmos em diversos domínios, desde os cuidados de saúde e finanças aos transportes e educação. Estes algoritmos, alimentados por grandes quantidades de dados e potenciados por capacidades computacionais cada vez mais sofisticadas, permitem que as máquinas aprendam, se adaptem e executem tarefas com um nível de eficiência e exatidão que antes era inimaginável.

Além disso, o contexto histórico e a evolução da Revolução Algorítmica sublinham as suas raízes profundas no engenho humano e no progresso tecnológico. Desde os primeiros algoritmos desenvolvidos por matemáticos antigos até aos avanços revolucionários da era digital, cada marco na evolução dos algoritmos preparou o caminho para o impacto transformador que testemunhamos atualmente.

O significado da Revolução Algorítmica na sociedade moderna não pode ser exagerado. Revolucionou as indústrias, acelerou as descobertas científicas e capacitou os indivíduos com um acesso sem precedentes à informação e aos serviços. Desde tratamentos de saúde personalizados e veículos autónomos a plataformas de comércio algorítmico e de aprendizagem adaptativa, as aplicações da tecnologia algorítmica estão a remodelar todos os aspectos das nossas vidas.

No entanto, no meio da promessa e do potencial da Revolução Algorítmica, temos também de enfrentar os seus desafios e implicações. As considerações éticas em torno da tomada de decisões algorítmicas, as preocupações com a privacidade e a segurança dos dados e o potencial de enviesamento algorítmico são algumas das questões críticas que exigem a nossa atenção e vigilância.

Ao navegar pelas complexidades da Revolução Algorítmica, é essencial adotar uma abordagem com visão de futuro que abrace a inovação ao mesmo tempo que defende os princípios éticos e salvaguarda os valores sociais. Ao fomentar a colaboração interdisciplinar, promover a transparência e a responsabilização e dar prioridade ao desenvolvimento de sistemas de IA responsáveis, podemos aproveitar o poder transformador dos algoritmos para criar um futuro mais equitativo, inclusivo e sustentável para todos.

Na sua essência, a Revolução Algorítmica anuncia uma nova era de colaboração homem-máquina, em que as fronteiras entre o homem e a máquina se esbatem e o potencial de inovação não conhece limites. Ao estarmos no limiar desta fronteira tecnológica, aproveitemos a oportunidade para moldar um futuro em que os algoritmos sirvam como ferramentas de capacitação, esclarecimento e progresso, redefinindo o amanhã para as gerações vindouras.

Capítulo 2. Fundamentos da IA e dos algoritmos

Introdução:

A base da Inteligência Artificial (IA) e dos algoritmos constitui o alicerce sobre o qual assenta a Revolução Algorítmica, servindo como os blocos de construção das capacidades computacionais modernas e dos sistemas inteligentes. Na sua essência, a IA engloba uma vasta gama de tecnologias e metodologias destinadas a permitir que as máquinas imitem as funções cognitivas humanas, como a aprendizagem, o raciocínio e a resolução de problemas. Neste vasto domínio, os algoritmos desempenham um papel fundamental na modelação do comportamento e das capacidades dos sistemas de IA, fornecendo as instruções computacionais necessárias para processar dados, extrair padrões e tomar decisões informadas.

A aprendizagem automática, um subconjunto da IA, está no centro de muitos avanços algorítmicos, oferecendo aos algoritmos a capacidade de aprender com os dados sem programação explícita. Através de técnicas como a aprendizagem supervisionada, a aprendizagem não supervisionada e a aprendizagem por reforço, os algoritmos de aprendizagem automática podem discernir padrões complexos em vastos conjuntos de dados, conduzindo a conhecimentos e previsões que impulsionam a inovação em vários domínios. A Aprendizagem Profunda, um subconjunto da aprendizagem automática, alarga ainda mais as capacidades dos algoritmos, tirando partido das redes neuronais artificiais para processar e interpretar dados de forma análoga ao cérebro humano.

Estes conceitos fundamentais da IA e dos algoritmos têm sofrido uma evolução e um refinamento significativos ao longo dos anos, impulsionados pelos avanços na capacidade computacional, na disponibilidade de dados e na sofisticação algorítmica. Desde os primeiros perceptrões e redes neuronais da década de 1950 até aos modernos quadros e algoritmos de aprendizagem profunda de hoje, o percurso da IA e dos algoritmos tem sido marcado por uma procura incessante de eficiência, precisão e escalabilidade.

No entanto, no meio dos notáveis progressos e realizações da IA e dos algoritmos, as considerações éticas e societais são importantes. O potencial de enviesamento algorítmico, as violações da privacidade e as consequências indesejadas sublinham a necessidade de um desenvolvimento e implantação responsáveis dos sistemas de IA. Além disso, a democratização das ferramentas e dos algoritmos de IA suscitou debates sobre a acessibilidade, a equidade e a democratização das oportunidades no panorama da IA.

Olhando para o futuro, a base da IA e dos algoritmos apresenta tanto oportunidades sem precedentes como desafios formidáveis. À medida que a IA continua a permear todos os aspectos das nossas vidas, desde os cuidados de saúde e as finanças até aos transportes e à educação, é imperativo que abordemos o seu desenvolvimento e implantação com uma consciência profunda dos seus impactos sociais e implicações éticas. Ao fomentar a colaboração interdisciplinar, promover a transparência e a responsabilização e dar prioridade ao desenvolvimento de quadros éticos de IA, podemos garantir que a base da IA e dos algoritmos serve como uma força de mudança positiva, capacitando os indivíduos, enriquecendo as comunidades e moldando um futuro que seja equitativo, inclusivo e sustentável.

2.1. Compreender a Inteligência Artificial (IA)

A Inteligência Artificial (IA) refere-se à simulação de processos de inteligência humana por máquinas, especialmente sistemas informáticos. Estes processos incluem a aprendizagem (a aquisição de informação e de regras de utilização da informação), o raciocínio (a utilização de regras para chegar a conclusões aproximadas ou definitivas) e a auto-correção. Os tipos de IA são os seguintes:

IA estreita: Também conhecida como IA fraca, a IA estreita foi concebida para executar uma tarefa limitada ou um conjunto específico de tarefas. Funciona num contexto limitado e não é capaz de generalizar os seus conhecimentos a outros domínios. Os exemplos incluem assistentes virtuais como o Siri, sistemas de recomendação e software de reconhecimento de imagem.

IA geral: Também conhecida como IA forte ou Inteligência Artificial Geral (AGI), a IA geral refere-se a sistemas de IA com capacidades cognitivas semelhantes às humanas, capazes de compreender, aprender e raciocinar em diversas tarefas e domínios. Alcançar a IA geral continua a ser um objetivo a longo prazo da investigação e desenvolvimento da IA.

Perceção: Os sistemas de IA recolhem informações do ambiente através de sensores como câmaras, microfones e outros dispositivos sensoriais. A perceção envolve tarefas como o reconhecimento de voz, o processamento de imagens e a deteção de objectos.

Raciocínio: Os sistemas de IA analisam a informação recolhida para compreender as relações, fazer inferências e tirar conclusões. Isto envolve tarefas como o raciocínio lógico, o reconhecimento de padrões e a tomada de decisões.

Aprendizagem: Os sistemas de IA melhoram o seu desempenho ao longo do tempo através de mecanismos de aprendizagem, como a aprendizagem supervisionada, a aprendizagem não supervisionada e a aprendizagem por reforço. A aprendizagem permite que os sistemas de IA se adaptem a novos dados e experiências, melhorando a sua exatidão e eficiência.

Resolução de problemas: Os sistemas de IA são concebidos para resolver problemas complexos, gerando e avaliando potenciais soluções. Isto envolve algoritmos e técnicas de otimização, pesquisa e planeamento.

A IA tem diversas aplicações em vários domínios, incluindo os cuidados de saúde (diagnóstico médico, descoberta de medicamentos), as finanças (negociação algorítmica, deteção de fraudes), os transportes (veículos autónomos, otimização de rotas), a educação (aprendizagem adaptativa, sistemas de tutoria inteligentes) e o entretenimento (sistemas de recomendação, assistentes virtuais).

As tecnologias de IA estão também cada vez mais integradas em dispositivos e serviços do quotidiano, como smartphones, electrodomésticos e plataformas em linha, melhorando a sua funcionalidade e a experiência do utilizador.

Implicações éticas e sociais: A IA suscita preocupações éticas relativamente à privacidade, preconceitos, discriminação e impacto no emprego e na sociedade. É fundamental garantir a equidade, a transparência e a responsabilidade nos sistemas de IA.

Segurança e proteção: Os sistemas de IA devem ser concebidos para funcionar de forma segura e protegida, mitigando os riscos de acidentes, erros e exploração maliciosa. Medidas robustas de cibersegurança são essenciais para proteger contra ameaças e ataques.

Regulamentação e governação: São necessários quadros e normas regulamentares para reger o desenvolvimento, a implantação e a utilização das tecnologias de IA, equilibrando a inovação com o bem-estar da sociedade e considerações éticas.

Compreender a Inteligência Artificial implica reconhecer as suas capacidades, limitações e implicações para a sociedade, bem como as considerações éticas e práticas envolvidas no seu desenvolvimento e implantação. À medida que a IA continua a avançar, é essencial promover um desenvolvimento responsável da IA e garantir que as tecnologias de IA são utilizadas para beneficiar a humanidade, minimizando os potenciais riscos e danos.

Compreender a Inteligência Artificial (IA) é essencial para navegar nas complexidades do panorama tecnológico moderno. Na sua essência, a IA refere-se à simulação de processos de inteligência humana por máquinas, abrangendo uma vasta gama de capacidades, desde a aprendizagem e o raciocínio até à resolução de problemas e à perceção. Este domínio multifacetado é impulsionado por algoritmos e dados, que permitem às máquinas emular funções cognitivas tradicionalmente associadas à inteligência humana.

A aprendizagem automática é a pedra angular da IA, permitindo que as máquinas aprendam com os dados sem programação explícita. Através do processo iterativo de formação em vastos conjuntos de dados, os algoritmos de aprendizagem automática podem identificar padrões, fazer previsões e adaptar o seu comportamento ao longo do tempo. A aprendizagem profunda, um subconjunto da aprendizagem automática inspirado na estrutura e função do cérebro humano, surgiu como uma ferramenta poderosa para tarefas como o reconhecimento de imagens e de voz, o processamento de linguagem natural e a tomada de decisões autónoma.

As redes neuronais, inspiradas nas redes neuronais biológicas do cérebro humano, estão no centro de muitos sistemas de IA. Estas camadas interligadas de neurónios artificiais processam dados de entrada, extraem características e geram previsões de saída, permitindo que as máquinas executem tarefas complexas com uma precisão notável. A Aprendizagem Supervisionada, em que os modelos são treinados com base em dados rotulados com resultados conhecidos, e a Aprendizagem Não Supervisionada, em que os modelos aprendem com dados não rotulados para identificar padrões ocultos, são duas abordagens fundamentais no domínio das redes neuronais.

A Aprendizagem por Reforço, outra área proeminente da investigação em IA, é inspirada na psicologia comportamental e centra-se em ensinar os agentes a tomar decisões sequenciais em ambientes dinâmicos. Através de tentativa e erro, os algoritmos de aprendizagem por reforço aprendem a maximizar as recompensas e a minimizar as penalizações, alcançando um desempenho sobre-humano em domínios como os jogos, a robótica e a gestão de recursos.

Embora o potencial da IA seja vasto, também levanta importantes considerações éticas e sociais. À medida que os sistemas de IA se tornam cada vez mais autónomos e omnipresentes, as questões relacionadas com a responsabilidade, a transparência e a parcialidade vêm ao de cima. Garantir que as tecnologias de IA são desenvolvidas e implementadas de forma responsável exige uma colaboração interdisciplinar, quadros regulamentares sólidos e um diálogo permanente entre decisores políticos, tecnólogos e especialistas em ética.

Em conclusão, compreender a Inteligência Artificial é fundamental para aproveitar o seu potencial transformador e, ao mesmo tempo, mitigar os seus riscos. Tirando partido da aprendizagem automática, da aprendizagem profunda, das redes neuronais e da aprendizagem por reforço, podemos desenvolver sistemas de IA que melhorem as capacidades humanas, impulsionem a inovação e respondam a alguns dos desafios mais prementes que a sociedade enfrenta. No entanto, para obter todos os benefícios da IA é necessário um esforço concertado para abordar as implicações éticas, jurídicas e sociais, garantindo que a IA serve o bem coletivo e contribui para um futuro mais equitativo e sustentável para todos.

2.2. Principais algoritmos que impulsionam os avanços da IA

A Inteligência Artificial (IA) registou um crescimento notável nos últimos anos, em grande parte impulsionado pelo desenvolvimento e aperfeiçoamento dos principais algoritmos que sustentam as suas capacidades. Estes algoritmos são a base sobre a qual os sistemas de IA aprendem, raciocinam e tomam decisões, impulsionando os avanços em diversos domínios. Compreender o papel fundamental destes algoritmos é crucial para apreciar o rápido progresso e o potencial da tecnologia de IA.

Um dos algoritmos fundamentais que impulsiona os avanços da IA é a Aprendizagem Supervisionada. Na Aprendizagem Supervisionada, os algoritmos são treinados em dados rotulados, em que cada entrada é associada à saída correcta. Através de ajustes iterativos baseados no feedback, estes algoritmos aprendem a generalizar padrões e a fazer previsões em dados não vistos. Esta abordagem permitiu avanços em domínios como o reconhecimento de imagens, o processamento de linguagem natural e a análise preditiva.

Em contrapartida, os algoritmos de aprendizagem não supervisionada funcionam com dados não rotulados, extraindo padrões e estruturas significativos sem orientação explícita. Estes algoritmos são hábeis na identificação de relações ocultas e na descoberta de conhecimentos a partir de grandes conjuntos de dados, abrindo caminho a aplicações como o agrupamento, a deteção de anomalias e a redução da dimensionalidade. Os algoritmos de aprendizagem não supervisionada desempenham um papel fundamental na exploração de dados e na descoberta de conhecimentos, complementando as capacidades das abordagens de aprendizagem supervisionada.

A Aprendizagem por Reforço representa outro algoritmo fundamental que está a impulsionar os avanços da IA, inspirado nos princípios da psicologia comportamental. Na Aprendizagem por Reforço, os agentes aprendem a navegar em ambientes complexos interagindo com eles e recebendo feedback sob a forma de recompensas ou penalizações. Através de tentativa e erro, estes algoritmos optimizam as suas políticas de tomada de decisão para alcançar os resultados desejados, levando a avanços em áreas como a robótica, jogos e sistemas autónomos.

O surgimento da Aprendizagem Profunda, um subconjunto da aprendizagem automática inspirado na estrutura e função do cérebro humano, revolucionou a investigação e as aplicações de IA. No centro da Aprendizagem Profunda estão as redes neurais, modelos computacionais compostos por nós interligados que imitam os neurónios do cérebro. Através de camadas hierárquicas de abstração, as redes neuronais profundas podem aprender automaticamente a representar características complexas a partir de dados em bruto, permitindo avanços no reconhecimento de imagens, reconhecimento de voz e compreensão de linguagem natural.

As redes adversariais generativas (GAN) representam uma estrutura algorítmica de ponta no domínio da aprendizagem profunda. As GANs consistem em duas redes neurais, o gerador e o discriminador, envolvidas num processo de aprendizagem competitivo. O gerador gera amostras de dados sintéticos, enquanto o discriminador avalia a sua autenticidade. Através do treino contraditório, as GANs podem produzir amostras de dados altamente realistas, revolucionando domínios como a síntese de imagens, o aumento de dados e a geração de conteúdos.

Os mecanismos de atenção surgiram como uma inovação algorítmica fundamental no domínio da aprendizagem profunda, permitindo que os modelos se concentrem em partes relevantes dos dados de entrada, ignorando informações irrelevantes. Os mecanismos de atenção têm sido fundamentais para melhorar o desempenho das redes neuronais em tarefas como a tradução automática, a legendagem de imagens e o reconhecimento de voz. Ao afetar dinamicamente os recursos computacionais, os mecanismos de atenção aumentam a eficiência e a eficácia dos sistemas de IA.

Os transformadores representam uma mudança de paradigma no processamento da linguagem natural, oferecendo uma arquitetura altamente escalável e paralelizável para a modelação de sequências. Ao contrário das redes neuronais recorrentes tradicionais ou das redes neuronais convolucionais, os transformadores baseiam-se unicamente em mecanismos de auto-atenção para captar as dependências entre as sequências de entrada. Esta arquitetura permitiu avanços em tarefas como a tradução de línguas, a análise de sentimentos e a geração de texto, levando ao desenvolvimento de modelos linguísticos de última geração, como o BERT e o GPT.

Principais algoritmos que impulsionam os avanços da IA:

1. Aprendizagem supervisionada:

- ➤ A aprendizagem supervisionada é um tipo de aprendizagem automática em que o algoritmo aprende a partir de dados rotulados, com cada par de entrada-saída fornecido explicitamente.
- ➤ Os algoritmos aprendem a mapear os inputs para os outputs com base em exemplos de pares input-output, o que lhes permite fazer previsões ou tomar decisões quando são encontrados novos dados.
- ➤ Regressão linear, regressão logística, máquinas de vectores de apoio, árvores de decisão e florestas aleatórias.

2. Aprendizagem não supervisionada:

> A aprendizagem não supervisionada envolve a formação de algoritmos em dados não rotulados, com o objetivo de descobrir padrões, estruturas ou relações nos dados.

> Os algoritmos identificam estruturas ou agrupamentos ocultos nos dados sem orientação explícita, permitindo tarefas como o agrupamento, a redução da dimensionalidade e a deteção de anomalias.

> Agrupamento K-means, agrupamento hierárquico, análise de componentes principais (PCA), t-distributed stochastic neighbor embedding (t-SNE).

3. Aprendizagem por reforço:

> A aprendizagem por reforço é um tipo de aprendizagem automática em que um agente aprende a interagir com um ambiente através de acções que maximizam as recompensas cumulativas.

> Os algoritmos aprendem por tentativa e erro, recebendo feedback sob a forma de recompensas ou penalizações com base nas suas acções, o que lhes permite descobrir estratégias óptimas para atingir objectivos.

> Q-learning, redes Q profundas (DQN), gradientes de política, métodos de ator-crítico.

4. Aprendizagem profunda:

- Definição: A aprendizagem profunda é um subconjunto da aprendizagem automática que utiliza redes neuronais artificiais com várias camadas (arquitecturas profundas) para extrair características e aprender padrões complexos a partir de dados.

- Funcionalidade: Os algoritmos de aprendizagem profunda aprendem automaticamente representações hierárquicas de dados, o que lhes permite lidar com grandes volumes de dados não estruturados e realizar tarefas como o reconhecimento de imagens, o processamento de linguagem natural e o reconhecimento de voz.

- Exemplos: Redes neuronais convolucionais (CNN) para o processamento de imagens, redes neuronais recorrentes (RNN) para dados sequenciais, modelos de transformação como o BERT para a compreensão da linguagem natural.

Estes algoritmos fundamentais constituem a espinha dorsal dos avanços da IA, impulsionando inovações em vários domínios e permitindo que as máquinas executem tarefas cada vez mais sofisticadas com capacidades semelhantes às humanas. A investigação e o desenvolvimento contínuos nestas áreas são cruciais para alargar os limites da inteligência artificial e concretizar todo o seu potencial de remodelação do nosso mundo.

Em conclusão, o avanço da IA é impulsionado por uma rica tapeçaria de algoritmos, cada um contribuindo com capacidades e conhecimentos únicos para este domínio. Da Aprendizagem Supervisionada e da Aprendizagem Não Supervisionada à

Aprendizagem por Reforço e à Aprendizagem Profunda, estes algoritmos constituem a base sobre a qual os sistemas de IA aprendem, se adaptam e evoluem. Ao aproveitar o poder destes algoritmos, os investigadores e profissionais estão a desbloquear novas fronteiras na inteligência artificial, revolucionando as indústrias e transformando a forma como vivemos e trabalhamos no século XXI.

2.3. Considerações éticas e sociais no desenvolvimento da IA

As considerações éticas e sociais no desenvolvimento da IA tornaram-se cada vez mais importantes à medida que a tecnologia continua a permear todos os aspectos das nossas vidas. Na vanguarda destas preocupações está a questão do preconceito algorítmico, em que os sistemas de IA podem inadvertidamente perpetuar ou exacerbar as desigualdades e preconceitos existentes nos dados utilizados para os treinar. Enfrentar este desafio exige um esforço concertado para garantir a diversidade e a inclusão na recolha de dados e na conceção de algoritmos, bem como uma monitorização contínua e estratégias de mitigação para retificar os preconceitos que possam surgir.

Além disso, a utilização da IA em domínios sensíveis, como os cuidados de saúde, a justiça penal e as finanças, levanta questões éticas profundas em matéria de privacidade, autonomia e responsabilidade. À medida que os sistemas de IA se tornam mais integrados nos processos de tomada de decisão, é imperativo estabelecer quadros claros de transparência e consentimento, garantindo que os indivíduos mantenham o controlo sobre a utilização dos seus dados e os resultados gerados pelos algoritmos de IA.

Além disso, o potencial da IA para perturbar os mercados de trabalho e exacerbar as desigualdades socioeconómicas sublinha a necessidade de medidas proactivas para mitigar os impactos adversos e promover o acesso equitativo às oportunidades. Isso inclui investir em programas de educação e reciclagem para capacitar os trabalhadores com as habilidades necessárias para prosperar em uma economia impulsionada pela IA, bem como implementar políticas que garantam uma distribuição justa dos benefícios gerados pelas tecnologias de IA.

Para além destes desafios imediatos, as implicações a longo prazo do desenvolvimento da IA na sociedade e na cultura humanas não podem ser ignoradas. Desde as preocupações com a deslocação de postos de trabalho e a instabilidade económica até às questões existenciais mais vastas sobre a natureza da inteligência e da consciência, as ramificações éticas e sociais da IA exigem uma reflexão e uma deliberação ponderadas.

Ao mesmo tempo, a IA também tem o potencial de resolver alguns dos desafios mais prementes da humanidade, desde as alterações climáticas e as disparidades nos cuidados de saúde até à pobreza global e à desigualdade na educação. Aproveitando a IA para o bem social e dando prioridade a princípios éticos como a equidade, a transparência e a responsabilidade, podemos libertar o seu poder transformador para criar um mundo mais justo, inclusivo e sustentável para todos.

Em última análise, navegar pelas considerações éticas e sociais no desenvolvimento da IA requer uma abordagem multidisciplinar que reúna tecnólogos, decisores políticos, especialistas em ética e partes interessadas da comunidade para dialogar, debater e colaborar. Só através de um esforço coletivo e de um compromisso partilhado com a inovação ética é que podemos garantir que a IA serve como uma força de mudança positiva, enriquecendo a experiência humana e salvaguardando os nossos valores e liberdades.

Conclusão:

Em conclusão, a compreensão fundamental da Inteligência Artificial (IA) e dos algoritmos que impulsionam os seus avanços constitui a base sobre a qual assenta o potencial transformador desta tecnologia. Através de uma compreensão mais profunda da IA, que engloba os seus vários subcampos, como a aprendizagem automática, a aprendizagem profunda e as redes neuronais, ficamos a conhecer os mecanismos através dos quais os computadores podem imitar e até ultrapassar as capacidades cognitivas humanas.

Além disso, a exploração dos principais algoritmos que impulsionam os avanços da IA revela a diversidade de abordagens que contribuem para a sua rápida evolução. Da aprendizagem supervisionada e não supervisionada à aprendizagem por reforço, cada paradigma algorítmico oferece capacidades e aplicações únicas, alimentando a inovação em sectores como os cuidados de saúde, as finanças, os transportes e a educação. Ao aproveitar o poder destes algoritmos, desbloqueamos oportunidades sem precedentes de automatização, otimização e tomada de decisões que antes eram consideradas inimagináveis.

No entanto, no meio do entusiasmo do potencial da IA, existe uma necessidade premente de abordar as considerações éticas e sociais inerentes ao seu desenvolvimento e implementação. À medida que os sistemas de IA penetram cada vez mais em vários aspectos das nossas vidas, as preocupações em torno da parcialidade, da equidade, da transparência, da responsabilidade e da privacidade vêm ao de cima. O desenvolvimento responsável da IA exige medidas proactivas para atenuar estes riscos, garantindo que os benefícios da IA sejam distribuídos equitativamente e que a sua implantação esteja em conformidade com os princípios éticos e os valores sociais.

Ao navegar pelas dimensões éticas e sociais do desenvolvimento da IA, a colaboração entre os intervenientes interdisciplinares é fundamental. Os engenheiros, os especialistas em ética, os decisores políticos, os cientistas sociais e o público em geral têm de encetar um diálogo construtivo para estabelecer quadros, directrizes e regulamentos que promovam a utilização responsável e equitativa da IA. Esta abordagem colaborativa promove uma compreensão partilhada dos complexos desafios em causa e permite o desenvolvimento de soluções que dão prioridade ao bem-estar humano e ao bem-estar da sociedade.

Em conclusão, o conhecimento fundamental da IA e dos algoritmos não só nos permite tirar partido do potencial transformador desta tecnologia, como também nos obriga a enfrentar as suas implicações éticas e sociais. Ao adoptarmos uma abordagem holística do desenvolvimento da IA - uma abordagem que integre os conhecimentos técnicos com considerações éticas e valores sociais - podemos abrir caminho a um futuro alimentado pela IA que seja não só inovador e eficiente, mas também ético, equitativo e benéfico para todos.

Capítulo 3. Aplicação da revolução algorítmica

Introdução:

A aplicação da Revolução Algorítmica em vários sectores deu início a uma era de inovação e transformação sem precedentes. Nos cuidados de saúde e na medicina, os algoritmos estão a revolucionar o diagnóstico e o tratamento de doenças, oferecendo métodos mais precisos e eficientes do que nunca. Através de técnicas avançadas de aprendizagem automática, os sistemas alimentados por IA podem analisar grandes quantidades de dados médicos para identificar padrões, prever a progressão da doença e personalizar planos de tratamento adaptados às necessidades individuais dos pacientes. Além disso, os algoritmos estão a impulsionar avanços na descoberta e desenvolvimento de medicamentos, acelerando a identificação de potenciais terapêuticas e reduzindo o tempo e o custo associados à introdução de novos medicamentos no mercado.

Nos domínios financeiro e económico, a negociação algorítmica tornou-se uma pedra angular dos mercados modernos, permitindo a rápida execução de estratégias de negociação complexas com um mínimo de intervenção humana. Os algoritmos de IA analisam os dados do mercado em tempo real para identificar oportunidades de negociação e executar transacções a preços óptimos, aumentando a liquidez e a eficiência e atenuando os riscos. Além disso, os algoritmos desempenham um papel crucial na gestão do risco, ajudando as instituições financeiras a avaliar e gerir vários tipos de riscos, desde a volatilidade do mercado ao incumprimento de crédito, com maior precisão e agilidade.

O sector dos transportes e da logística está a passar por uma mudança de paradigma alimentada por inovações algorítmicas. Os veículos autónomos, alimentados por algoritmos de IA, prometem revolucionar os transportes pessoais e comerciais, oferecendo soluções de mobilidade mais seguras, eficientes e ecológicas. Estes algoritmos permitem que os veículos percebam e naveguem nos seus ambientes, antecipem e reajam a potenciais perigos e optimizem as rotas para uma eficiência máxima. Além disso, os algoritmos estão a impulsionar os avanços na logística, optimizando as operações da cadeia de abastecimento, minimizando os custos e melhorando a precisão e a velocidade de entrega.

Na educação e na aprendizagem, a revolução algorítmica está a remodelar os métodos de ensino tradicionais e a potenciar experiências de aprendizagem personalizadas e adaptativas. Os algoritmos de IA analisam os padrões de aprendizagem, as preferências e as capacidades dos alunos para fornecer conteúdos educativos e avaliações personalizados, optimizando os resultados da aprendizagem e o envolvimento. Além disso, os algoritmos permitem o desenvolvimento de sistemas de tutoria inteligentes que fornecem feedback e orientação em tempo real, ajudando os alunos a dominar conceitos ao seu próprio ritmo e abordando as necessidades de aprendizagem individuais de forma mais eficaz.

A aplicação da revolução algorítmica estende-se para além destes sectores, permeando praticamente todos os aspectos da sociedade moderna. Desde recomendações personalizadas em plataformas de streaming até à manutenção preditiva na indústria transformadora, os algoritmos estão a impulsionar a eficiência, a inovação e a criação de valor em diversos domínios. No entanto, à medida que aproveitamos o poder dos algoritmos para resolver problemas complexos e otimizar processos, é essencial mantermo-nos vigilantes quanto às implicações éticas e sociais da sua utilização. Ao promover uma cultura de inovação responsável e ao garantir que as tecnologias algorítmicas servem um bem maior, podemos aproveitar todo o potencial da Revolução Algorítmica para criar um futuro mais equitativo, sustentável e próspero para todos.

3.1. Cuidados de saúde e medicina

A aplicação da Revolução Algorítmica nos cuidados de saúde e na medicina representa um momento decisivo na procura de soluções de cuidados de saúde mais eficientes, exactas e personalizadas. Na sua essência, esta revolução aproveita o poder dos algoritmos avançados e da inteligência artificial (IA) para analisar grandes quantidades de dados médicos, diagnosticar doenças, desenvolver tratamentos e otimizar a prestação de cuidados de saúde. Ao fazê-lo, promete transformar todas as facetas da continuidade dos cuidados de saúde, desde os cuidados preventivos ao diagnóstico, tratamento e monitorização pós-tratamento.

Um dos impactos mais significativos das aplicações algorítmicas nos cuidados de saúde é o diagnóstico e o tratamento de doenças. Os algoritmos alimentados por IA podem analisar conjuntos de dados médicos complexos, incluindo sintomas de pacientes, informações genéticas e resultados de imagiologia, para identificar padrões e prever o aparecimento de doenças com uma precisão sem precedentes. A deteção precoce possibilitada por estes algoritmos não só melhora os resultados do tratamento, como também reduz os custos dos cuidados de saúde ao evitar a progressão da doença.

Além disso, a Revolução Algorítmica está a revolucionar a descoberta e o desenvolvimento de medicamentos, tradicionalmente uma tarefa morosa e dispendiosa. Os algoritmos de IA podem analisar vastas bases de dados moleculares, identificar potenciais candidatos a medicamentos, prever a sua eficácia e perfis de segurança e até conceber novas moléculas com as propriedades desejadas. Ao acelerar o processo de descoberta de medicamentos e ao reduzir a probabilidade de falhas dispendiosas, estes algoritmos têm o potencial de colocar no mercado terapias que salvam vidas de forma mais rápida e económica.

Além disso, os avanços algorítmicos estão a melhorar a eficiência e a eficácia dos sistemas de prestação de cuidados de saúde. Através da análise preditiva e dos algoritmos de aprendizagem automática, os prestadores de cuidados de saúde podem otimizar a atribuição de recursos, simplificar o fluxo de doentes e antecipar as necessidades de cuidados de saúde com maior precisão. Isto permite que as organizações de cuidados de saúde realizem intervenções mais atempadas e direccionadas, melhorem os resultados dos doentes e aumentem a eficiência operacional global.

Para além do diagnóstico e do tratamento, as aplicações algorítmicas estão a transformar a medicina personalizada, adaptando as intervenções de cuidados de saúde às características individuais dos doentes. Ao analisar os dados do doente, incluindo a composição genética, o historial médico, os factores de estilo de vida e as respostas ao tratamento, os algoritmos de IA podem recomendar planos de tratamento personalizados optimizados para as necessidades e circunstâncias únicas de cada doente. Esta mudança para a medicina personalizada promete revolucionar os cuidados de saúde, maximizando a eficácia do tratamento e minimizando os efeitos adversos.

Além disso, a Revolução Algorítmica está a impulsionar a inovação na monitorização remota dos doentes e na telemedicina, permitindo que os prestadores de cuidados de saúde monitorizem remotamente a saúde dos doentes, realizem consultas virtuais e forneçam intervenções atempadas. Os algoritmos de IA podem analisar os dados dos doentes em tempo real a partir de dispositivos portáteis e outras tecnologias de monitorização remota para detetar sinais precoces de deterioração, evitar readmissões hospitalares e facilitar a gestão proactiva dos cuidados de saúde.

No entanto, à medida que abraçamos o potencial das aplicações algorítmicas nos cuidados de saúde, é essencial abordar as considerações éticas e regulamentares. Garantir a privacidade dos doentes, a segurança dos dados, a transparência dos algoritmos e a responsabilização é fundamental para manter a confiança nos sistemas de cuidados de saúde baseados em IA. Devem ser estabelecidos quadros regulamentares sólidos para reger o desenvolvimento, a implementação e a supervisão dos algoritmos de IA nos cuidados de saúde, equilibrando a inovação com a segurança dos doentes e as normas éticas.

Em conclusão, a aplicação da Revolução Algorítmica nos cuidados de saúde e na medicina é extremamente promissora para melhorar os resultados dos doentes, melhorar a prestação de cuidados de saúde e fazer avançar a investigação médica. Ao tirar partido do poder dos algoritmos de IA para analisar dados médicos, diagnosticar doenças, desenvolver tratamentos e personalizar os cuidados, podemos dar início a uma nova era de medicina de precisão e de cuidados de saúde centrados no doente. No entanto, para concretizar todo o potencial das aplicações algorítmicas nos cuidados de saúde, temos de enfrentar desafios éticos, regulamentares e sociais para garantir que estas tecnologias são utilizadas de forma responsável e equitativa para benefício de todos.

3.2. Finanças e economia

A aplicação da revolução algorítmica nas finanças e na economia revolucionou a forma como as empresas operam, os mercados funcionam e as decisões são tomadas. No centro desta transformação está a utilização de algoritmos sofisticados e técnicas de IA para analisar grandes quantidades de dados, prever tendências de mercado e otimizar estratégias financeiras.

Uma das principais aplicações da revolução algorítmica nas finanças é a negociação algorítmica, em que os algoritmos informáticos executam transacções a alta velocidade e frequência, tirando partido de modelos quantitativos para identificar e explorar oportunidades lucrativas no mercado. Estes algoritmos podem analisar as condições de mercado em tempo real, executar transacções com precisão e gerir o risco de forma mais eficaz do que os operadores humanos tradicionais, o que conduz a um aumento da liquidez, à redução dos custos de transação e a uma maior eficiência do mercado.

A gestão do risco é outra área crítica em que a revolução algorítmica tem feito progressos significativos. Os modelos de risco avançados alimentados por algoritmos de IA permitem às instituições financeiras avaliar e mitigar vários tipos de riscos, incluindo o risco de crédito, o risco de mercado e o risco operacional, com maior precisão e eficiência. Ao identificar potenciais ameaças e vulnerabilidades no sistema financeiro, estes algoritmos ajudam a proteger contra eventos adversos e a promover a estabilidade no mercado.

Além disso, a revolução algorítmica democratizou o acesso a serviços e produtos financeiros através de inovações como os robo-consultores e as plataformas algorítmicas de empréstimo. Os robo-consultores utilizam algoritmos para prestar serviços automatizados de consultoria de investimento e de gestão de carteiras a investidores de retalho, oferecendo recomendações personalizadas com base em objectivos individuais, tolerância ao risco e situação financeira. As plataformas de empréstimos algorítmicas utilizam algoritmos de IA para simplificar o processo de pedido de empréstimo, avaliar a capacidade de crédito e determinar as condições do empréstimo, tornando o crédito mais acessível e económico para os mutuários.

Para além da negociação e da gestão do risco, a revolução algorítmica também transformou o domínio das finanças quantitativas, onde são utilizados modelos matemáticos e técnicas computacionais para analisar os mercados financeiros e desenvolver estratégias de investimento. Os analistas quantitativos, ou "quants", utilizam algoritmos sofisticados para identificar padrões, correlações e anomalias nos dados de mercado, o que lhes permite gerar alfa e melhorar o desempenho das carteiras.

No entanto, a aplicação da revolução algorítmica nas finanças e na economia não está isenta de desafios e riscos. As preocupações em torno do enviesamento algorítmico, da manipulação do mercado e do risco sistémico sublinham a importância das considerações éticas e da supervisão regulamentar no desenvolvimento e na implantação de tecnologias financeiras baseadas na IA. Além disso, a crescente dependência de algoritmos e da automação na tomada de decisões financeiras levanta questões sobre a deslocação de empregos, a desigualdade e a concentração de poder nas mãos de algumas empresas de tecnologia.

Apesar destes desafios, os potenciais benefícios da revolução algorítmica nas finanças e na economia são inegáveis. Ao aproveitarem o poder dos algoritmos e das técnicas de IA, as instituições financeiras podem melhorar a eficiência, reduzir os custos e reforçar os processos de tomada de decisões, acabando por impulsionar a inovação e o crescimento da economia mundial. No entanto, é essencial garantir que estas tecnologias sejam utilizadas de forma responsável, tendo em conta os princípios éticos, a transparência e a responsabilidade, para maximizar o seu impacto positivo na sociedade em geral.

3.3.Transportes e Logística

No domínio dos transportes e da logística, a aplicação da revolução algorítmica trouxe avanços significativos, remodelando a forma como os bens e as pessoas são transportados em todo o mundo. No centro desta transformação está a utilização de algoritmos sofisticados para otimizar rotas, simplificar operações e melhorar a eficiência global.

Uma aplicação notável da revolução algorítmica nos transportes é o desenvolvimento de veículos autónomos. Através da integração de algoritmos de IA, estes veículos podem perceber o seu ambiente, tomar decisões em tempo real e navegar em segurança sem intervenção humana. Esta tecnologia tem o potencial de revolucionar os sistemas de transporte, reduzindo os acidentes, aliviando o congestionamento do tráfego e aumentando a mobilidade das pessoas que não podem conduzir.

A otimização de rotas é outra área-chave em que os algoritmos tiveram um impacto profundo nos transportes e na logística. Ao analisar grandes quantidades de dados, incluindo padrões de tráfego, condições das estradas e horários de entrega, os algoritmos podem determinar as rotas mais eficientes para os veículos. Esta otimização não só reduz o consumo de combustível e as emissões, como também minimiza os tempos e os custos de entrega, aumentando, em última análise, a satisfação do cliente.

Além disso, a revolução algorítmica facilitou o desenvolvimento de serviços de partilha de boleias e de entregas, como a Uber e a DoorDash, que se baseiam em algoritmos sofisticados para fazer corresponder os condutores aos passageiros ou os estafetas às entregas em tempo real. Estes algoritmos têm em conta vários factores, incluindo a localização, a disponibilidade e a procura, para otimizar a atribuição de recursos e prestar serviços atempados e convenientes aos utilizadores.

No domínio da logística, os algoritmos desempenham um papel crucial na gestão do inventário, nas operações de armazém e na otimização da cadeia de fornecimento. Ao utilizar a análise preditiva e os algoritmos de aprendizagem automática, as empresas podem prever a procura, otimizar os níveis de inventário e reduzir as rupturas de stock, melhorando assim a eficiência operacional e reduzindo os custos.

Além disso, a aplicação de algoritmos nos transportes e na logística vai para além da eficiência operacional e inclui iniciativas de sustentabilidade. Ao otimizar as rotas, reduzir as milhas vazias e promover mudanças modais, os algoritmos podem ajudar a minimizar o impacto ambiental das actividades de transporte, contribuindo para a redução das emissões de gases com efeito de estufa e para a conservação dos recursos naturais.

Para além dos benefícios operacionais, a revolução algorítmica nos transportes e na logística também estimulou a inovação no serviço e na experiência do cliente. Através da utilização de chatbots e assistentes virtuais alimentados por IA, as empresas podem prestar assistência personalizada, acompanhar os envios em tempo real e resolver as questões dos clientes de forma eficiente, aumentando a satisfação e a lealdade gerais.

Globalmente, a aplicação da revolução algorítmica nos transportes e na logística transformou o sector, permitindo às empresas operar de forma mais eficiente, sustentável e centrada no cliente. À medida que a tecnologia continua a evoluir, o potencial para novos avanços em áreas como os veículos autónomos, a otimização de rotas e as iniciativas de sustentabilidade continua a ser vasto, prometendo um futuro de sistemas de transporte mais inteligentes, mais ecológicos e mais conectados.

3.4. Ensino e aprendizagem

A aplicação da Revolução Algorítmica no domínio da educação e da aprendizagem anuncia uma nova era de experiências de aprendizagem personalizadas e adaptativas, adaptadas às necessidades e capacidades de cada aluno. Através da integração de algoritmos avançados e tecnologias de IA, as plataformas educativas podem analisar grandes quantidades de dados para discernir padrões nos comportamentos de aprendizagem, preferências e pontos fortes dos alunos. Esta abordagem orientada para os dados permite o desenvolvimento de percursos de aprendizagem personalizados que se adaptam ao estilo de aprendizagem, ritmo e nível de compreensão únicos de cada aluno.

Além disso, os avanços algorítmicos permitem aos educadores dispor de ferramentas e recursos para criar avaliações adaptativas que se ajustam dinamicamente ao desempenho dos alunos em tempo real. Ao monitorizar continuamente o progresso e a compreensão dos alunos, estas avaliações podem fornecer feedback imediato e intervenções específicas, promovendo um ambiente de aprendizagem mais reativo e solidário. Isto não só aumenta o empenho e a motivação dos alunos, como também facilita uma aprendizagem mais profunda e o domínio dos conceitos.

Para além da aprendizagem personalizada e das avaliações adaptativas, a Revolução Algorítmica está a revolucionar a forma como os conteúdos educativos são seleccionados, fornecidos e consumidos. Os sistemas de recomendação de conteúdos com recurso a IA analisam as preferências, os interesses e as interacções anteriores dos alunos para sugerir materiais de aprendizagem relevantes e cativantes, desde vídeos e artigos a simulações interactivas e experiências de realidade virtual. Esta abordagem de curadoria da entrega de conteúdos melhora o acesso dos alunos a diversos recursos educativos e promove a aprendizagem autónoma.

Além disso, a Revolução Algorítmica está a impulsionar inovações na conceção e pedagogia da instrução, permitindo o desenvolvimento de sistemas de tutoria inteligentes que fornecem orientação e apoio personalizados aos alunos. Estes sistemas utilizam algoritmos de IA para simular interacções de tutoria individuais, adaptando estratégias de ensino com base nas respostas e ideias erradas dos alunos. Ao oferecer explicações, dicas e andaimes personalizados, os sistemas de tutoria inteligentes ajudam os alunos a ultrapassar os obstáculos à aprendizagem e a alcançar uma compreensão mais profunda.

Para além da sala de aula, a Revolução Algorítmica está a expandir o acesso à educação e às oportunidades de aprendizagem para alunos de todo o mundo. As plataformas de aprendizagem em linha alimentadas por algoritmos de IA oferecem soluções escaláveis e económicas para fornecer conteúdos educativos de alta qualidade a alunos em regiões remotas ou mal servidas. Ao eliminarem as barreiras geográficas e democratizarem o acesso à educação, estas plataformas permitem que os indivíduos prossigam a aprendizagem ao longo da vida e o desenvolvimento de competências.

No entanto, a adoção generalizada da Revolução Algorítmica na educação também levanta importantes considerações éticas e sociais. As preocupações em torno da privacidade dos dados, da parcialidade algorítmica e da equidade no acesso devem ser cuidadosamente abordadas para garantir que os benefícios da educação baseada em IA sejam distribuídos de forma equitativa e que as populações vulneráveis não sejam deixadas para trás. Além disso, os educadores e os decisores políticos devem avaliar de forma crítica as implicações de confiar demasiado na tomada de decisões algorítmicas em contextos educativos, garantindo que o julgamento e a perícia humanos continuam a ser fundamentais para o processo de aprendizagem.

Em conclusão, a aplicação da Revolução Algorítmica na educação e na aprendizagem é muito promissora para transformar os paradigmas educativos tradicionais e melhorar os resultados da aprendizagem para alunos de todas as idades e origens. Ao tirar partido dos algoritmos avançados e das tecnologias de IA, os educadores podem criar experiências de aprendizagem personalizadas, adaptáveis e envolventes que respondem às diversas necessidades e capacidades de cada aluno. No entanto, para concretizar todo o potencial da IA na educação, é imperativo que abordemos as questões éticas, de privacidade e de equidade e que asseguremos que os valores e os conhecimentos humanos orientem o desenvolvimento e a implementação responsáveis das tecnologias educativas baseadas em IA.

Conclusão:

Em conclusão, as aplicações da revolução algorítmica em vários sectores, como os cuidados de saúde e a medicina, as finanças e a economia, os transportes e a logística, e a educação e a aprendizagem, estão a remodelar o nosso mundo de forma profunda.

Nos cuidados de saúde e na medicina (3.1), os algoritmos estão a revolucionar o diagnóstico, o tratamento e a descoberta de medicamentos, conduzindo a diagnósticos mais precisos, planos de tratamento personalizados e processos acelerados de desenvolvimento de medicamentos. Com a integração da IA e dos algoritmos, o sector dos cuidados de saúde está preparado para proporcionar melhores resultados aos doentes, reduzir os erros médicos e, em última análise, salvar vidas.

Do mesmo modo, nas finanças e na economia (3.2), os algoritmos estão a transformar as práticas tradicionais com o advento do comércio algorítmico, das ferramentas de gestão do risco e da análise preditiva. Estas tecnologias permitem uma tomada de decisões mais eficiente e informada, optimizam as estratégias de investimento e atenuam os riscos financeiros. No entanto, é fundamental ter em conta as considerações éticas e os quadros regulamentares para garantir a integridade e a estabilidade dos mercados financeiros.

Nos transportes e na logística (3.3), os algoritmos estão a impulsionar os avanços nos veículos autónomos, na otimização de rotas e na gestão da cadeia de abastecimento. Ao tirar partido da IA e dos algoritmos, os sistemas de transporte tornam-se mais seguros, mais eficientes e ambientalmente sustentáveis. Desde carros autónomos a rotas de entrega optimizadas, estas inovações têm o potencial de remodelar a mobilidade urbana e revolucionar a forma como as mercadorias são transportadas globalmente.

No ensino e na aprendizagem (3.4), os algoritmos estão a alimentar plataformas de aprendizagem personalizadas, avaliações adaptativas e sistemas de tutoria inteligentes. Estas tecnologias adaptam-se aos estilos, ritmos e preferências individuais de aprendizagem, promovendo uma experiência de aprendizagem mais cativante e eficaz. Ao tirar partido do poder da IA e dos algoritmos, a educação torna-se mais acessível, inclusiva e reactiva às necessidades dos diversos alunos.

Em geral, as aplicações da revolução algorítmica são imensamente promissoras para melhorar a qualidade de vida, impulsionar o crescimento económico e fazer avançar a civilização humana. No entanto, é essencial enfrentar os desafios éticos, sociais e regulamentares que acompanham estes avanços. Ao fomentar a colaboração interdisciplinar, promover a transparência e dar prioridade aos valores centrados no ser humano, podemos aproveitar todo o potencial da IA e dos algoritmos para construir um futuro mais próspero e equitativo para todos.

Capítulo 4. Impacto da revolução algorítmica

Introdução:

A revolução algorítmica desencadeou uma onda de inovação em todos os sectores, remodelando a forma como vivemos, trabalhamos e interagimos com o mundo que nos rodeia. O seu impacto estende-se por todo o lado, afectando praticamente todos os aspectos da sociedade moderna. No centro desta revolução está a proliferação da inteligência artificial (IA) e de algoritmos avançados, que estão a conduzir a níveis sem precedentes de automatização, otimização e tomada de decisões baseadas em dados.

Um dos impactos mais profundos da revolução algorítmica é evidente nos cuidados de saúde e na medicina. Os algoritmos estão a revolucionar os processos de diagnóstico, planeamento de tratamentos e descoberta de medicamentos, conduzindo a diagnósticos mais precisos, terapias personalizadas e resultados de investigação acelerados. Esta transformação promete melhorar os resultados dos doentes, reduzir os custos dos cuidados de saúde e, em última análise, salvar vidas.

Nas finanças e na economia, os algoritmos estão a remodelar as práticas tradicionais, alimentando o crescimento do comércio algorítmico, da análise preditiva e das ferramentas de gestão do risco. Estas tecnologias permitem uma tomada de decisões mais rápida e eficiente nos mercados financeiros, optimizam as estratégias de investimento e reduzem os riscos. No entanto, também suscitam preocupações quanto à volatilidade do mercado, aos enviesamentos algorítmicos e à concentração de poder nas mãos de alguns grandes intervenientes.

A revolução algorítmica também está a provocar mudanças significativas nos transportes e na logística. Desde os veículos autónomos aos algoritmos de otimização de rotas, estas inovações prometem sistemas de transporte mais seguros e eficientes, com menos congestionamento e impacto ambiental. No entanto, também colocam desafios relacionados com a deslocação de postos de trabalho, vulnerabilidades de cibersegurança e dilemas éticos em torno de questões como a tomada de decisões algorítmicas em situações críticas.

O ensino e a aprendizagem não estão imunes aos efeitos transformadores dos algoritmos. Plataformas de aprendizagem personalizadas, avaliações adaptativas e sistemas de tutoria inteligentes alimentados por algoritmos estão a revolucionar a forma como ensinamos e aprendemos. Estas tecnologias oferecem experiências de aprendizagem personalizadas, respondem a diversos estilos de aprendizagem e melhoram os resultados educativos. No entanto, também levantam preocupações sobre a privacidade dos dados, a parcialidade dos algoritmos e o potencial para aumentar as desigualdades educativas.

O impacto da revolução algorítmica ultrapassa os sectores individuais para moldar dinâmicas socioeconómicas mais amplas. Influencia os mercados de trabalho, criando novas oportunidades de emprego no domínio da IA e da ciência dos dados, ao mesmo tempo que substitui as funções tradicionais. Também agrava as desigualdades existentes, uma vez que aqueles que têm acesso aos dados e à tecnologia colhem os benefícios, deixando outros para trás. A resolução destas disparidades exige políticas proactivas para garantir um acesso equitativo à educação, à formação e às oportunidades na economia digital.

Além disso, a revolução algorítmica levanta profundas questões éticas e sociais. As preocupações com a parcialidade, a transparência e a responsabilidade dos algoritmos são grandes, uma vez que os algoritmos moldam cada vez mais as nossas decisões, desde as práticas de contratação até às sentenças da justiça penal. Garantir a equidade, a responsabilidade e a transparência nos sistemas algorítmicos é essencial para evitar a discriminação e defender os direitos fundamentais.

Em conclusão, a revolução algorítmica é uma faca de dois gumes, oferecendo oportunidades sem precedentes para a inovação e o progresso, ao mesmo tempo que coloca desafios e riscos significativos. Abraçar o seu potencial e, ao mesmo tempo, mitigar os seus efeitos adversos exige um esforço concertado dos decisores políticos, dos tecnólogos e da sociedade em geral. Ao fomentar a inovação responsável, promover normas éticas e salvaguardar valores fundamentais, podemos aproveitar o poder transformador dos algoritmos para criar um futuro mais justo, inclusivo e sustentável.

4.1. Perturbações económicas e transformações do emprego

A revolução algorítmica deu início a uma mudança de paradigma em várias indústrias, conduzindo a perturbações económicas e a profundas transformações no emprego. No centro desta transformação está a integração da inteligência artificial (IA) e de algoritmos avançados nos fluxos de trabalho e processos tradicionais. Embora estes avanços tecnológicos ofereçam inúmeros benefícios, incluindo o aumento da eficiência e da produtividade, também colocam desafios significativos ao mercado de trabalho e à economia em geral.

Um dos principais impactos da revolução algorítmica na economia é a substituição dos empregos tradicionais pela automatização. Tarefas rotineiras e repetitivas que antes eram executadas por humanos estão agora a ser automatizadas através de algoritmos alimentados por IA. Esta tendência de automatização tem o potencial de perturbar indústrias inteiras, levando à perda de postos de trabalho e à instabilidade económica a curto prazo.

No entanto, a revolução algorítmica também cria novas oportunidades de criação de emprego e de crescimento económico. À medida que a automatização assume as tarefas de rotina, liberta o trabalho humano para se concentrar em actividades mais complexas e criativas. Esta mudança para funções mais qualificadas, como analistas de dados, especialistas em IA e engenheiros de software, pode levar ao surgimento de novas indústrias e à expansão das já existentes, acabando por impulsionar a inovação e a prosperidade económica.

Além disso, a revolução algorítmica está a remodelar a natureza do próprio trabalho. Com o surgimento de plataformas de economia gig e acordos de trabalho remoto, os indivíduos têm maior flexibilidade e autonomia na forma como ganham a vida. Esta mudança para uma força de trabalho mais flexível e descentralizada tem o potencial de democratizar o acesso a oportunidades de emprego e capacitar os indivíduos para seguirem diversos percursos profissionais.

No entanto, existem também preocupações quanto ao potencial de aumento da desigualdade em resultado da revolução algorítmica. Enquanto alguns indivíduos podem beneficiar das novas oportunidades criadas pela automatização, outros podem ver-se marginalizados ou deixados para trás. A resolução destas disparidades exigirá medidas proactivas, como o investimento em programas de educação e reciclagem, para garantir que os trabalhadores tenham as competências e capacidades necessárias para prosperar na economia digital.

Além disso, a revolução algorítmica tem implicações para os mercados de trabalho globais e para a dinâmica comercial. À medida que a automatização reduz o custo de produção e aumenta a eficiência, pode levar a mudanças na vantagem comparativa e na competitividade internacional. Os países que adoptam a inovação tecnológica e investem no desenvolvimento da mão de obra são susceptíveis de ganhar uma vantagem competitiva na economia global, enquanto os que não se adaptam podem ter dificuldade em acompanhar o ritmo.

Em conclusão, o impacto da revolução algorítmica nas perturbações económicas e nas transformações do emprego é complexo e multifacetado. Embora a automação tenha o potencial de melhorar a produtividade e impulsionar o crescimento económico, também apresenta desafios como a deslocação de empregos e o aumento da desigualdade. A resposta a estes desafios exigirá um esforço coordenado dos decisores políticos, das empresas e da sociedade no seu conjunto para garantir que os benefícios da inovação tecnológica são partilhados de forma equitativa e que ninguém é deixado para trás na era digital.

4.2. Mudanças sociais e culturais

O impacto da revolução algorítmica nas mudanças sociais e culturais é profundo, afectando quase todos os aspectos da interação humana e da estrutura social. Na sua essência, os algoritmos influenciam a forma como a informação é consumida, moldando as nossas percepções, crenças e comportamentos. Através de recomendações personalizadas de conteúdos em plataformas de redes sociais e de resultados de pesquisa adaptados na Internet, os algoritmos criam câmaras de eco e bolhas de filtragem, reforçando preconceitos existentes e limitando a exposição a diversos pontos de vista.

Além disso, os algoritmos desempenham um papel fundamental na definição de normas e tendências culturais. Desde recomendações de música e entretenimento a tendências de moda e preferências artísticas, os algoritmos influenciam o que consumimos e a forma como nos expressamos. Este fenómeno tem implicações positivas e negativas, uma vez que pode promover a criatividade e a inovação, mas também homogeneizar a expressão cultural e sufocar a diversidade.

Além disso, o aumento da tomada de decisões algorítmicas em vários domínios, como a contratação, o crédito e a justiça penal, suscita preocupações quanto à equidade, transparência e responsabilidade. Os preconceitos incorporados nos algoritmos podem perpetuar as desigualdades e a discriminação existentes, exacerbando as divisões sociais e as injustiças. É imperativo abordar estas questões através de uma avaliação rigorosa, da transparência algorítmica e da implementação de directrizes éticas para garantir que os sistemas algorítmicos promovem a justiça e a equidade.

Além disso, a proliferação da vigilância algorítmica e da recolha de dados coloca desafios significativos à privacidade e à autonomia. Desde a tecnologia de reconhecimento facial aos algoritmos de policiamento preditivo, estes sistemas têm o potencial de infringir as liberdades individuais e os direitos civis, corroendo a confiança nas instituições e minando os valores democráticos. Para encontrar um equilíbrio entre segurança e privacidade, são necessários quadros jurídicos sólidos, salvaguardas tecnológicas e mecanismos de controlo público para salvaguardar os direitos fundamentais na era digital.

Além disso, a revolução algorítmica remodela os mercados de trabalho e a dinâmica do emprego, conduzindo à deslocação de postos de trabalho, à inadequação de competências e a regimes de trabalho precários. Embora a automatização e as tecnologias baseadas na IA ofereçam oportunidades de ganhos de produtividade e inovação, também colocam desafios aos trabalhadores cujos empregos são susceptíveis de automatização. Para responder a estes desafios, são necessárias políticas proactivas do mercado de trabalho, iniciativas de aprendizagem ao longo da vida e redes de segurança social para apoiar os trabalhadores na transição para a economia digital.

Além disso, a revolução algorítmica tem implicações nas relações sociais e na dinâmica interpessoal. A prevalência dos algoritmos nas redes sociais pode distorcer a perceção da realidade, alimentando a inveja, a ansiedade e a comparação social entre os utilizadores. Além disso, a mercantilização da atenção e do envolvimento humano incentiva comportamentos viciantes e interacções superficiais, minando as ligações humanas genuínas e a coesão da comunidade.

Em conclusão, a revolução algorítmica exerce um impacto profundo nas mudanças sociais e culturais, remodelando a forma como percepcionamos o mundo, interagimos uns com os outros e organizamos a sociedade. Embora estes avanços ofereçam oportunidades sem precedentes de inovação e progresso, também colocam desafios significativos em termos de equidade, privacidade, emprego e coesão social. A resposta a estes desafios exige uma ação colectiva, uma colaboração interdisciplinar e um empenho na defesa dos direitos humanos e dos valores democráticos na era digital. Ao navegar nestas complexidades com clarividência e integridade, podemos aproveitar o potencial transformador da revolução algorítmica para construir uma sociedade mais inclusiva, equitativa e resiliente.

4.3. Preocupações com a privacidade e a segurança

A revolução algorítmica trouxe avanços tecnológicos sem precedentes, mas também suscitou preocupações significativas relativamente à privacidade e à segurança. À medida que os algoritmos se tornam mais omnipresentes na nossa vida quotidiana, desde as plataformas de redes sociais aos dispositivos inteligentes, a recolha e a análise de dados pessoais tornaram-se omnipresentes. Este afluxo maciço de dados levanta sérias questões sobre a privacidade individual e a proteção de informações sensíveis. Além disso, os algoritmos podem, inadvertidamente, perpetuar preconceitos e discriminação, amplificando as desigualdades existentes e minando os direitos humanos fundamentais.

Uma das principais preocupações em matéria de privacidade associadas à revolução algorítmica é a recolha e utilização generalizadas de dados pessoais sem consentimento informado. As empresas recolhem frequentemente grandes quantidades de informação sobre as actividades, preferências e comportamentos online dos indivíduos para adaptar anúncios e serviços. No entanto, esta prática levanta preocupações éticas sobre o capitalismo de vigilância e a mercantilização da informação pessoal para fins lucrativos. Além disso, a agregação de dados provenientes de múltiplas fontes pode levar à criação de perfis pormenorizados que violam o direito dos indivíduos à privacidade e à autonomia.

Além disso, a crescente dependência de algoritmos para a tomada de decisões apresenta riscos significativos para a segurança dos dados. As vulnerabilidades dos sistemas algorítmicos podem ser exploradas por agentes maliciosos para obterem acesso não autorizado a informações sensíveis ou manipularem os resultados para fins nefastos. Desde violações de dados a ciberataques, o panorama digital está repleto de ameaças à segurança que põem em causa a privacidade dos indivíduos e minam a confiança nos sistemas tecnológicos. Além disso, a opacidade de muitos processos algorítmicos dificulta a identificação e a redução eficaz dos riscos de segurança.

Outra preocupação premente é a possibilidade de os preconceitos e a discriminação dos algoritmos perpetuarem as injustiças sociais. Os algoritmos são treinados com base em dados históricos, que podem refletir preconceitos sistémicos e desigualdades presentes na sociedade. Consequentemente, os sistemas algorítmicos podem codificar e reforçar inadvertidamente práticas discriminatórias, conduzindo a resultados tendenciosos em áreas como a contratação, o crédito e a justiça penal. Este facto agrava as disparidades existentes e compromete os esforços para promover a justiça e a igualdade na sociedade.

Além disso, a falta de transparência e de responsabilidade na tomada de decisões algorítmicas agrava as preocupações com a privacidade e a segurança. Muitos algoritmos funcionam como caixas negras, o que torna difícil para as pessoas compreenderem como as decisões são tomadas ou contestarem resultados injustos. Esta opacidade prejudica a responsabilização e dificulta a aplicação de normas éticas aos sistemas algorítmicos. Além disso, a natureza proprietária de muitos algoritmos complica ainda mais os esforços para avaliar a sua equidade, fiabilidade e robustez.

A resolução dos problemas de privacidade e segurança associados à revolução algorítmica exige uma abordagem multifacetada que dê prioridade à transparência, à responsabilidade e à governação ética. As empresas e os decisores políticos devem implementar medidas robustas de proteção de dados, como a minimização, encriptação e anonimização de dados, para salvaguardar os direitos de privacidade dos indivíduos. Além disso, é necessária uma maior transparência e explicabilidade nos sistemas algorítmicos para permitir uma supervisão e responsabilização significativas.

Além disso, deve ser dada prioridade aos esforços para atenuar os preconceitos e a discriminação algorítmica através de práticas de recolha de dados diversificadas e inclusivas, auditorias algorítmicas e técnicas de atenuação de preconceitos. Ao promover a diversidade e a inclusão no desenvolvimento e implementação de algoritmos, podemos reduzir o risco de perpetuar as desigualdades sistémicas e garantir resultados justos e equitativos para todos os indivíduos. Em última análise, a abordagem das questões de privacidade e segurança na revolução algorítmica exige a colaboração entre as partes interessadas, incluindo decisores políticos, líderes da indústria, investigadores e sociedade civil, para desenvolver quadros abrangentes que defendam os direitos e valores fundamentais na era digital.

4.4. Desafios regulamentares e jurídicos

A revolução algorítmica deu início a uma nova era de inovação e transformação em vários sectores, mas também apresenta desafios regulamentares e jurídicos significativos que devem ser abordados. Em primeiro lugar, o ritmo acelerado dos avanços tecnológicos ultrapassa frequentemente o desenvolvimento de quadros regulamentares, deixando os decisores políticos com dificuldades em acompanhar as complexas implicações da IA e dos algoritmos. Esta lacuna pode levar à incerteza e ambiguidade em relação às responsabilidades e obrigações legais, potencialmente dificultando a adoção de novas tecnologias.

Em segundo lugar, as preocupações com a privacidade e a segurança dos dados são grandes na sequência da revolução algorítmica. Uma vez que os algoritmos dependem fortemente de grandes quantidades de dados para funcionarem eficazmente, surgem questões sobre a forma de proteger as informações sensíveis dos indivíduos contra a utilização indevida ou o acesso não autorizado. É essencial encontrar o equilíbrio correto entre inovação e direitos de privacidade para manter a confiança do público nos sistemas algorítmicos.

Em terceiro lugar, o enviesamento e a discriminação algorítmica colocam desafios éticos e jurídicos significativos. Os algoritmos de IA e de aprendizagem automática podem, inadvertidamente, perpetuar ou exacerbar os preconceitos existentes nos dados em que são treinados, conduzindo a resultados discriminatórios em áreas como a contratação, a concessão de empréstimos e a justiça penal. A abordagem do enviesamento algorítmico exige quadros regulamentares sólidos e mecanismos de responsabilização para garantir a justiça e a equidade nos processos de tomada de decisões algorítmicas.

Além disso, existem preocupações quanto à transparência e à responsabilidade na tomada de decisões algorítmicas. Dado que os algoritmos desempenham cada vez mais um papel na definição de vários aspectos da sociedade, há uma procura crescente de transparência sobre o modo como estes algoritmos funcionam e os factores que influenciam as suas decisões. O estabelecimento de normas para a transparência e a responsabilização dos algoritmos é crucial para garantir que os indivíduos e as comunidades afectados por decisões algorítmicas disponham de mecanismos de recurso e reparação.

Além disso, os direitos de propriedade intelectual e as questões de propriedade em torno dos algoritmos e das tecnologias de IA levantam desafios jurídicos complexos. Determinar a quem pertencem os direitos sobre os algoritmos, os resultados dos algoritmos e os dados em que se baseiam pode levar a disputas e conflitos legais entre programadores, utilizadores e outras partes interessadas. A clarificação dos direitos de propriedade intelectual e a promoção da colaboração e da partilha de conhecimentos são essenciais para promover a inovação, salvaguardando simultaneamente os interesses de todas as partes envolvidas.

Além disso, a natureza global da revolução algorítmica complica os esforços de regulamentação, uma vez que os regulamentos e as leis variam muito entre as diferentes jurisdições. A harmonização das normas e regulamentações internacionais é essencial para enfrentar os desafios colocados pelos fluxos de dados transfronteiriços, a interoperabilidade dos algoritmos e as questões jurisdicionais. A cooperação e a colaboração internacionais são fundamentais para desenvolver quadros regulamentares coesos que possam gerir eficazmente as tecnologias algorítmicas à escala global.

Em conclusão, o impacto da revolução algorítmica nos sistemas regulamentares e jurídicos é profundo e multifacetado. A resposta aos desafios regulamentares e jurídicos colocados pela IA e pelos algoritmos exige um esforço concertado dos decisores políticos, das partes interessadas do sector, da sociedade civil e do público. Ao promover a transparência, a responsabilidade, a equidade e a colaboração, podemos aproveitar o potencial transformador das tecnologias algorítmicas, mitigando simultaneamente os seus riscos e garantindo que servem o bem comum.

Conclusão:

A Revolução Algorítmica deu início a uma nova era de mudanças sem precedentes, remodelando economias, sociedades e culturas em todo o mundo. Como já explorámos em profundidade, os seus impactos são multifacetados, abrangendo perturbações económicas, mudanças sociais e culturais, preocupações com a privacidade e a segurança, bem como desafios regulamentares e jurídicos. Embora a revolução seja imensamente promissora para fazer avançar o progresso humano e resolver questões sociais complexas, também apresenta desafios significativos que devem ser abordados com urgência e previsão.

As perturbações económicas e as transformações do emprego têm estado na vanguarda dos debates em torno da Revolução Algorítmica. Embora a automação e as tecnologias de IA tenham o potencial de simplificar processos, aumentar a eficiência e impulsionar a inovação, também suscitam preocupações quanto à deslocação de postos de trabalho e ao aumento da desigualdade económica. À medida que certos sectores sofrem transformações radicais, é imperativo que os governos, as empresas e as instituições de ensino colaborem na reciclagem e na melhoria das competências dos trabalhadores para os empregos do futuro, garantindo que ninguém é deixado para trás na transição para uma economia digital.

Além disso, a Revolução Algorítmica não só remodelou as economias, como também catalisou profundas mudanças sociais e culturais. Desde a forma como comunicamos e interagimos até à disseminação da informação e à formação de identidades, os algoritmos desempenham um papel cada vez mais influente na configuração do nosso quotidiano. No entanto, esta conetividade e conveniência recém-descobertas trazem consigo o seu próprio conjunto de desafios, incluindo a proliferação de desinformação, a erosão da privacidade e a exacerbação das divisões sociais. À medida que navegamos nesta paisagem digital, é crucial promover a literacia digital e as competências de pensamento crítico, capacitando os indivíduos para discernir a verdade da ficção e navegar de forma responsável nas complexidades do mundo em linha.

Além disso, a utilização generalizada de algoritmos suscita preocupações prementes em matéria de privacidade e segurança. Desde as violações de dados e os ciberataques até aos enviesamentos algorítmicos e à vigilância, os riscos potenciais associados às tecnologias algorítmicas são múltiplos. Dado que os algoritmos exercem cada vez mais poder sobre as nossas informações pessoais e os nossos processos de tomada de decisões, a proteção da privacidade e a garantia da segurança dos dados devem ser fundamentais. Para tal, são necessários quadros regulamentares sólidos, algoritmos transparentes e medidas pró-activas para atenuar os riscos de danos causados pelos algoritmos, defendendo simultaneamente os direitos e as liberdades individuais.

Por último, a Revolução Algorítmica apresenta desafios regulamentares e jurídicos que exigem soluções abrangentes e adaptáveis. À medida que os algoritmos penetram em vários sectores da sociedade, desde os cuidados de saúde e as finanças até à justiça penal e à educação, as questões de responsabilidade, transparência e equidade tornam-se primordiais. Os quadros regulamentares devem evoluir a par dos avanços tecnológicos, procurando um equilíbrio delicado entre a promoção da inovação e a proteção do interesse público. Para tal, é necessária uma colaboração interdisciplinar, o envolvimento das partes interessadas e a cooperação internacional para abordar a natureza global dos desafios algorítmicos e garantir que os princípios éticos orientam o desenvolvimento e a aplicação dos algoritmos.

Em conclusão, a Revolução Algorítmica tem um imenso potencial para redefinir o futuro, revolucionando as indústrias, capacitando os indivíduos e abordando desafios sociais prementes. No entanto, o seu poder transformador também traz desafios complexos que requerem uma ação colectiva e uma reflexão ponderada. Ao promover o diálogo inclusivo, abraçar princípios éticos e dar prioridade a abordagens centradas no ser humano, podemos aproveitar os benefícios da Revolução Algorítmica e, ao mesmo tempo, mitigar os seus riscos, garantindo um futuro que seja inovador e equitativo para todos.

Capítulo 5. Perspectivas e desafios futuros
Introdução:

As perspectivas futuras para a inteligência artificial (IA) e os algoritmos estão repletas de potencial, prometendo revolucionar as indústrias, melhorar as capacidades humanas e abordar alguns dos desafios globais mais prementes. À medida que olhamos para o futuro, várias áreas-chave emergem como pontos focais para o avanço e a inovação, juntamente com desafios formidáveis que têm de ser ultrapassados para concretizar todos os benefícios da IA e dos algoritmos.

Em primeiro lugar, a IA e os algoritmos prometem impulsionar avanços sem precedentes nos cuidados de saúde e na medicina. Desde a aceleração da descoberta de medicamentos até aos tratamentos personalizados e aos diagnósticos preditivos, as tecnologias alimentadas por IA têm o potencial de revolucionar os cuidados de saúde dos doentes e melhorar os resultados de saúde. Além disso, a integração da IA na telemedicina e na monitorização remota poderá alargar o acesso aos cuidados de saúde a populações carenciadas, colmatando lacunas na prestação de cuidados de saúde e melhorando a saúde geral da população.

Em segundo lugar, o futuro dos transportes está a ser profundamente transformado pela IA e pelos algoritmos. O advento dos veículos autónomos promete revolucionar a mobilidade, reduzindo o congestionamento do tráfego, aumentando a segurança rodoviária e revolucionando a logística e a gestão da cadeia de abastecimento. No entanto, desafios como garantir a segurança e a fiabilidade dos sistemas autónomos, navegar nos quadros regulamentares e abordar os dilemas éticos em torno das interacções homem-IA continuam a ser obstáculos significativos a ultrapassar.

Além disso, a IA e os algoritmos estão preparados para revolucionar a educação e a aprendizagem, dando início a uma nova era de experiências de aprendizagem personalizadas e adaptáveis. Ao tirar partido da análise de dados e dos algoritmos de aprendizagem automática, as plataformas educativas podem adaptar a instrução às necessidades individuais dos alunos, otimizar os resultados da aprendizagem e capacitar os educadores com informações valiosas sobre o progresso e o envolvimento dos alunos. No entanto, garantir o acesso equitativo a ferramentas educativas baseadas em IA e abordar as preocupações sobre a privacidade dos dados e o enviesamento algorítmico são considerações fundamentais para avançar.

Além disso, a IA e os algoritmos têm um enorme potencial para transformar sectores como as finanças, a agricultura e a energia, impulsionando a inovação, optimizando a atribuição de recursos e aumentando a produtividade. Desde a negociação algorítmica e a gestão de riscos nas finanças até à agricultura de precisão e à otimização de redes inteligentes, as soluções alimentadas por IA estão preparadas para revolucionar as indústrias tradicionais, desbloqueando novas eficiências e impulsionando o crescimento sustentável.

No entanto, a par destas perspectivas de avanço, a IA e os algoritmos também colocam desafios formidáveis que têm de ser enfrentados para concretizar todo o seu potencial. As preocupações com a parcialidade, a transparência e a responsabilidade dos algoritmos são grandes, levantando questões sobre as implicações éticas da tomada de decisões com base na IA e o potencial para consequências indesejadas. Além disso, a proliferação de tecnologias baseadas na IA suscita preocupações sobre a privacidade dos dados, a segurança e a erosão da autonomia pessoal, sublinhando a necessidade de quadros regulamentares sólidos e de directrizes éticas para reger o desenvolvimento e a implantação da IA.

Além disso, à medida que a IA se integra cada vez mais na sociedade, colocam-se questões sobre o futuro do trabalho e o potencial de deslocação de empregos. Embora a IA tenha o potencial para automatizar tarefas de rotina e impulsionar ganhos de produtividade, também levanta preocupações sobre a polarização do emprego e o aumento da desigualdade de rendimentos. A resposta a estes desafios exigirá medidas proactivas para requalificar e melhorar as competências da mão de obra, fomentar o empreendedorismo e garantir que os benefícios da inovação impulsionada pela IA sejam distribuídos de forma equitativa por toda a sociedade.

Em conclusão, as perspectivas futuras para a IA e os algoritmos são vastas e transformadoras, oferecendo oportunidades sem paralelo para fazer avançar o progresso humano e enfrentar alguns dos desafios globais mais prementes. No entanto, para concretizar esta visão, é necessário enfrentar desafios formidáveis, desde a abordagem do preconceito algorítmico e a garantia da privacidade dos dados até à atenuação dos impactos da automatização na força de trabalho. Ao promover a colaboração interdisciplinar, abraçar princípios éticos e dar prioridade a abordagens centradas no ser humano, podemos aproveitar todo o potencial da IA e dos algoritmos para criar um futuro que seja inovador e equitativo para todos.

5.1. Tendências emergentes no domínio da IA e dos algoritmos

Ao olharmos para o futuro, o panorama da inteligência artificial (IA) e dos algoritmos apresenta uma miríade de tendências emergentes que prometem moldar a trajetória do progresso humano. Desde os avanços na investigação sobre IA até à proliferação de novas aplicações algorítmicas, o potencial de inovação e transformação é ilimitado. No entanto, juntamente com estas perspectivas, surge uma série de desafios que exigem uma análise cuidadosa e soluções proactivas.

Uma das tendências emergentes mais notáveis é a convergência da IA com outras tecnologias transformadoras, como a cadeia de blocos, a Internet das Coisas (IoT) e a computação quântica. Esta convergência tem o potencial de desbloquear novas capacidades e possibilidades, revolucionando sectores que vão desde os cuidados de saúde e os transportes até às finanças e à indústria transformadora. Ao tirar partido dos pontos fortes complementares destas tecnologias, podemos acelerar o progresso no sentido de resolver alguns dos desafios mais prementes que a humanidade enfrenta.

Além disso, a democratização da IA e dos algoritmos está preparada para democratizar o acesso à inovação e capacitar indivíduos e comunidades em todo o mundo. As plataformas de código aberto, as iniciativas de colaboração e os recursos educativos estão a permitir que uma faixa mais ampla da sociedade participe no desenvolvimento e na implementação de soluções de IA. Esta democratização não só fomenta a diversidade e a inclusão na comunidade de IA, como também catalisa a inovação ao explorar uma grande variedade de perspectivas e conhecimentos.

Outra tendência emergente é o aumento da IA explicável (XAI) e dos algoritmos interpretáveis, que procuram aumentar a transparência, a responsabilidade e a confiança nos sistemas de IA. À medida que as aplicações de IA se tornam cada vez mais difundidas em domínios críticos como os cuidados de saúde, as finanças e a justiça penal, a capacidade de compreender e interpretar as decisões geradas pela IA torna-se fundamental. Ao desenvolver sistemas de IA que sejam explicáveis e interpretáveis, podemos garantir que os utilizadores tenham uma visão dos processos de raciocínio subjacentes e mitigar os riscos de enviesamentos e erros algorítmicos.

Além disso, os avanços na IA e nos algoritmos estão a impulsionar a evolução da colaboração e do aumento da capacidade homem-máquina. Em vez de substituírem os trabalhadores humanos, as tecnologias de IA estão a aumentar as capacidades humanas, permitindo-nos alcançar feitos que anteriormente eram inimagináveis. Desde o aumento da criatividade e da resolução de problemas até ao aumento da tomada de decisões e das tarefas cognitivas, a colaboração homem-IA tem o potencial de revolucionar as indústrias e redefinir a natureza do trabalho no século XXI.

No entanto, a par destas perspectivas promissoras, há uma série de desafios que têm de ser enfrentados para concretizar todo o potencial da IA e dos algoritmos. Um desses desafios são as implicações éticas e sociais da tomada de decisões com base na IA. À medida que os sistemas de IA influenciam cada vez mais as nossas vidas e meios de subsistência, as questões de equidade, responsabilidade e parcialidade tornam-se fundamentais. É essencial desenvolver quadros éticos e mecanismos regulamentares que garantam que os sistemas de IA estão alinhados com os valores humanos e servem o interesse público.

Além disso, a proliferação da IA e dos algoritmos suscita preocupações sobre a privacidade, a segurança e a soberania dos dados. À medida que grandes quantidades de dados são recolhidas, processadas e analisadas por sistemas de IA, torna-se imperativo salvaguardar a privacidade e proteger informações sensíveis. Além disso, a crescente dependência das tecnologias de IA levanta questões sobre a propriedade e o controlo dos dados, salientando a necessidade de quadros robustos de governação de dados e de cooperação internacional para enfrentar estes desafios.

Além disso, à medida que os sistemas de IA se tornam cada vez mais autónomos e complexos, garantir a sua fiabilidade, segurança e resiliência torna-se uma preocupação premente. Desde os automóveis autónomos e os drones autónomos até aos diagnósticos de cuidados de saúde baseados em IA, os riscos potenciais associados a falhas de IA podem ter consequências profundas. Por conseguinte, é essencial investir em esforços de investigação e desenvolvimento que façam avançar as técnicas de segurança, verificação e validação da IA, promovendo simultaneamente práticas responsáveis de implantação da IA.

Em conclusão, as perspectivas futuras da IA e dos algoritmos são muito promissoras, oferecendo oportunidades sem precedentes para fazer avançar o progresso humano e enfrentar desafios societais complexos. No entanto, a concretização deste potencial exige um esforço concertado para enfrentar a miríade de desafios e considerações éticas inerentes ao desenvolvimento e à implantação de tecnologias de IA. Promovendo a colaboração interdisciplinar, adoptando princípios éticos e dando prioridade a abordagens centradas no ser humano, podemos aproveitar o poder transformador da IA e dos algoritmos para criar um futuro que seja inovador e equitativo para todos.

5.2. Abordagem dos preconceitos e da equidade nos algoritmos

À medida que olhamos para o horizonte dos avanços tecnológicos, a questão da parcialidade e da equidade nos algoritmos surge como uma fronteira crítica. Apesar da promessa de os sistemas algorítmicos optimizarem os processos de tomada de decisões, estes herdam frequentemente preconceitos presentes nos dados em que são treinados ou nos pressupostos incorporados na sua conceção. Reconhecendo este desafio, o futuro reserva perspectivas e desafios na procura de atenuar os preconceitos e garantir a equidade nos algoritmos.

Uma via promissora para lidar com o enviesamento nos algoritmos reside no desenvolvimento de abordagens mais sofisticadas e matizadas à recolha e pré-processamento de dados. Ao analisar os conjuntos de dados para detetar potenciais enviesamentos e ao empregar técnicas como o aumento de dados e a formação adversária, os investigadores podem esforçar-se por criar conjuntos de dados mais representativos e equilibrados, atenuando assim a propagação de enviesamentos na tomada de decisões algorítmicas.

Além disso, o avanço das tecnologias de IA explicável (XAI) oferece uma via promissora para aumentar a transparência e a responsabilidade nos sistemas algorítmicos. Ao permitir que os utilizadores compreendam a forma como os algoritmos chegam às suas decisões, as técnicas XAI permitem que as partes interessadas identifiquem e rectifiquem os enviesamentos incorporados nos algoritmos, promovendo a confiança nos seus resultados.

No entanto, a procura de atenuação de preconceitos e de equidade nos algoritmos também apresenta desafios formidáveis. A complexidade inerente aos sistemas algorítmicos, associada à natureza opaca de muitos modelos de aprendizagem automática, coloca obstáculos significativos à deteção e correção de preconceitos. Além disso, a natureza dinâmica e evolutiva das normas e valores sociais complica os esforços para definir e operacionalizar a equidade na tomada de decisões algorítmicas.

Além disso, a interseccionalidade dos preconceitos acrescenta camadas de complexidade à tarefa de garantir a equidade nos algoritmos. Os algoritmos têm de lidar não só com preconceitos explícitos baseados em factores como a raça, o género e a etnia, mas também com formas mais subtis de preconceito que podem surgir da intersecção de identidades e desigualdades sistémicas. Abordar estas dimensões multifacetadas do preconceito exige uma colaboração interdisciplinar e uma compreensão diferenciada dos contextos sociais em que os algoritmos funcionam.

Além disso, a natureza global dos sistemas algorítmicos complica os esforços para abordar a parcialidade e a equidade numa escala que transcende as fronteiras geográficas e culturais. Dado que os algoritmos moldam cada vez mais vários aspectos das nossas vidas, desde os cuidados de saúde e as finanças até à educação e à justiça penal, torna-se imperativo desenvolver normas e quadros universais para garantir a justiça e a equidade na tomada de decisões algorítmicas.

Concluindo, embora o futuro apresente vias promissoras para mitigar o enviesamento e garantir a equidade nos algoritmos, a viagem em direção à equidade algorítmica está repleta de desafios. Ao abraçar a colaboração interdisciplinar, promover a transparência e a responsabilização através de IA explicável e fomentar uma compreensão diferenciada do enviesamento nas suas várias manifestações, podemos lutar por um futuro em que os algoritmos sirvam como ferramentas para promover a justiça, a equidade e a justiça social num mundo cada vez mais digitalizado.

5.3. Colaboração e reforço humano-IA

O futuro da colaboração entre humanos e IA é muito promissor, mas também apresenta desafios profundos que têm de ser enfrentados para concretizar todo o seu potencial. À medida que a inteligência artificial continua a avançar, a sinergia entre a inteligência humana e as capacidades das máquinas abre novas oportunidades de inovação, produtividade e criatividade. Desde os cuidados de saúde e a educação até às empresas e não só, a integração das tecnologias de IA pode melhorar as capacidades humanas, simplificar os processos e gerar resultados transformadores. No entanto, para aproveitar plenamente os benefícios da colaboração entre humanos e IA, é essencial ultrapassar uma série de desafios técnicos, éticos e sociais.

Uma das principais perspectivas da colaboração entre humanos e IA consiste em aumentar as capacidades humanas em vários domínios. Ao tirar partido dos algoritmos de IA e dos modelos de aprendizagem automática, os seres humanos podem aumentar os seus processos de tomada de decisões, as suas capacidades de resolução de problemas e os seus esforços criativos. Quer se trate de ajudar os médicos no diagnóstico de doenças, de auxiliar os investigadores na análise de vastos conjuntos de dados ou de apoiar os artistas na criação de desenhos inovadores, as tecnologias de IA têm o potencial de ampliar o potencial humano e acelerar o progresso em diversos domínios. Esta sinergia de colaboração entre humanos e máquinas promete desbloquear novas fronteiras de inovação e descoberta.

Além disso, a colaboração entre humanos e IA apresenta oportunidades para aumentar a produtividade e a eficiência no local de trabalho. À medida que as tecnologias de IA automatizam as tarefas de rotina e fornecem informações a partir de dados complexos, os trabalhadores humanos podem concentrar-se em tarefas cognitivas de alto nível que exigem criatividade, empatia e pensamento estratégico. Ao delegar tarefas repetitivas e mundanas em sistemas de IA, os funcionários podem afetar o seu tempo e energia a actividades mais significativas e de valor acrescentado, promovendo uma cultura de inovação e crescimento nas organizações. Além disso, as ferramentas e os sistemas alimentados por IA podem facilitar a colaboração perfeita entre equipas remotas, permitindo uma maior flexibilidade e escalabilidade no local de trabalho moderno.

No entanto, apesar do seu potencial transformador, a colaboração entre humanos e IA também coloca desafios significativos que têm de ser abordados. Uma das principais preocupações prende-se com as implicações éticas da integração da IA, incluindo questões de transparência, responsabilidade e parcialidade. À medida que os sistemas de IA se tornam cada vez mais interligados com os processos de tomada de decisão humanos, torna-se fundamental garantir a justiça, a equidade e a conduta ética. É essencial desenvolver quadros regulamentares sólidos e directrizes éticas que regulem o desenvolvimento, a implantação e a utilização responsáveis das tecnologias de IA, salvaguardando os riscos potenciais e garantindo o alinhamento com os valores e normas sociais.

Além disso, a colaboração entre humanos e IA levanta questões sobre o futuro do trabalho e do emprego. Embora as tecnologias de IA tenham o potencial de aumentar a produtividade e criar novas oportunidades de emprego, também colocam desafios relacionados com a deslocação de postos de trabalho, a inadequação de competências e a desigualdade económica. À medida que a automação e a adoção da IA se aceleram em todos os sectores, é crucial investir em iniciativas de requalificação e melhoria de competências que equipem os trabalhadores com as competências necessárias para prosperar na economia digital. Além disso, os formuladores de políticas, educadores e líderes do setor devem colaborar para desenvolver estratégias inclusivas que promovam a aprendizagem ao longo da vida, o desenvolvimento da força de trabalho e as redes de segurança social para apoiar os indivíduos afetados por interrupções tecnológicas.

Outro desafio crítico na colaboração entre humanos e IA é garantir a confiança e a transparência nos sistemas de IA. Uma vez que os algoritmos de IA tomam decisões que têm impacto em vários aspectos da vida humana, é essencial estabelecer mecanismos para explicar as decisões da IA, abordar os preconceitos algorítmicos e permitir a supervisão e o controlo humanos. Ao promover a transparência e a responsabilidade nos sistemas de IA, podemos criar confiança entre os utilizadores e as partes interessadas, atenuando as preocupações relacionadas com a opacidade algorítmica e as consequências não intencionais.

Além disso, a colaboração homem-IA exige uma colaboração interdisciplinar e perspectivas diversas para enfrentar desafios societais complexos. Ao reunir peritos de diferentes domínios, incluindo a informática, a psicologia, a sociologia e a ética, podemos desenvolver sistemas de IA que sejam não só tecnicamente competentes, mas também socialmente responsáveis e eticamente alinhados. Esta abordagem interdisciplinar promove soluções holísticas que têm em conta as implicações sociais mais vastas das tecnologias de IA, promovendo a inovação centrada no ser humano e resultados equitativos para todos.

Em conclusão, o futuro da colaboração homem-IA tem um enorme potencial para remodelar as indústrias, aumentar a produtividade e enfrentar desafios sociais prementes. Ao aproveitar as sinergias entre a inteligência humana e as capacidades das máquinas, podemos abrir novas oportunidades de inovação, criatividade e progresso. No entanto, a concretização desta visão exige medidas proactivas para enfrentar os desafios técnicos, éticos e sociais, incluindo a garantia de transparência, equidade e inclusão nos sistemas de IA, a promoção da aprendizagem ao longo da vida e o desenvolvimento da força de trabalho, bem como a promoção da colaboração interdisciplinar e da liderança ética. Através de esforços concertados e acções colectivas, podemos navegar pelas complexidades da colaboração entre humanos e IA e criar um futuro que seja tecnologicamente avançado e socialmente responsável.

5.4. Cooperação global e governação no desenvolvimento da IA

O futuro da colaboração entre humanos e IA é muito promissor, mas também apresenta desafios profundos que têm de ser enfrentados para concretizar todo o seu potencial. À medida que a inteligência artificial continua a avançar, a sinergia entre a inteligência humana e as capacidades das máquinas abre novas oportunidades de inovação, produtividade e criatividade. Desde os cuidados de saúde e a educação até às empresas e não só, a integração das tecnologias de IA pode melhorar as capacidades humanas, simplificar os processos e gerar resultados transformadores. No entanto, para aproveitar plenamente os benefícios da colaboração entre humanos e IA, é essencial ultrapassar uma série de desafios técnicos, éticos e sociais.

Uma das principais perspectivas da colaboração entre humanos e IA consiste em aumentar as capacidades humanas em vários domínios. Ao tirar partido dos algoritmos de IA e dos modelos de aprendizagem automática, os seres humanos podem aumentar os seus processos de tomada de decisões, as suas capacidades de resolução de problemas e os seus esforços criativos. Quer se trate de ajudar os médicos no diagnóstico de doenças, de auxiliar os investigadores na análise de vastos conjuntos de dados ou de apoiar os artistas na criação de desenhos inovadores, as tecnologias de IA têm o potencial de ampliar o potencial humano e acelerar o progresso em diversos domínios. Esta sinergia de colaboração entre humanos e máquinas promete desbloquear novas fronteiras de inovação e descoberta.

Além disso, a colaboração entre humanos e IA apresenta oportunidades para aumentar a produtividade e a eficiência no local de trabalho. À medida que as tecnologias de IA automatizam as tarefas de rotina e fornecem informações a partir de dados complexos, os trabalhadores humanos podem concentrar-se em tarefas cognitivas de alto nível que exigem criatividade, empatia e pensamento estratégico. Ao delegar tarefas repetitivas e mundanas em sistemas de IA, os funcionários podem afetar o seu tempo e energia a actividades mais significativas e de valor acrescentado, promovendo uma cultura de inovação e crescimento nas organizações. Além disso, as ferramentas e os sistemas alimentados por IA podem facilitar a colaboração perfeita entre equipas remotas, permitindo uma maior flexibilidade e escalabilidade no local de trabalho moderno.

No entanto, apesar do seu potencial transformador, a colaboração entre humanos e IA também coloca desafios significativos que têm de ser abordados. Uma das principais preocupações prende-se com as implicações éticas da integração da IA, incluindo questões de transparência, responsabilidade e parcialidade. À medida que os sistemas de IA se tornam cada vez mais interligados com os processos de tomada de decisão humanos, torna-se fundamental garantir a justiça, a equidade e a conduta ética. É essencial desenvolver quadros regulamentares sólidos e directrizes éticas que regulem o desenvolvimento, a implantação e a utilização responsáveis das tecnologias de IA, salvaguardando os riscos potenciais e garantindo o alinhamento com os valores e normas sociais.

Além disso, a colaboração entre humanos e IA levanta questões sobre o futuro do trabalho e do emprego. Embora as tecnologias de IA tenham o potencial de aumentar a produtividade e criar novas oportunidades de emprego, também colocam desafios relacionados com a deslocação de postos de trabalho, a inadequação de competências e a desigualdade económica. À medida que a automação e a adoção da IA se aceleram em todos os sectores, é crucial investir em iniciativas de requalificação e melhoria de competências que equipem os trabalhadores com as competências necessárias para prosperar na economia digital. Além disso, os formuladores de políticas, educadores e líderes do setor devem colaborar para desenvolver estratégias inclusivas que promovam a aprendizagem ao longo da vida, o desenvolvimento da força de trabalho e as redes de segurança social para apoiar os indivíduos afetados por interrupções tecnológicas.

Outro desafio crítico na colaboração entre humanos e IA é garantir a confiança e a transparência nos sistemas de IA. Uma vez que os algoritmos de IA tomam decisões que têm impacto em vários aspectos da vida humana, é essencial estabelecer mecanismos para explicar as decisões da IA, abordar os preconceitos algorítmicos e permitir a supervisão e o controlo humanos. Ao promover a transparência e a responsabilidade nos sistemas de IA, podemos criar confiança entre os utilizadores e as partes interessadas, atenuando as preocupações relacionadas com a opacidade dos algoritmos e as consequências não intencionais.

Além disso, a colaboração homem-IA exige uma colaboração interdisciplinar e perspectivas diversas para enfrentar desafios societais complexos. Ao reunir peritos de diferentes domínios, incluindo a informática, a psicologia, a sociologia e a ética, podemos desenvolver sistemas de IA que sejam não só tecnicamente competentes, mas também socialmente responsáveis e eticamente alinhados. Esta abordagem interdisciplinar promove soluções holísticas que têm em conta as implicações sociais mais vastas das tecnologias de IA, promovendo a inovação centrada no ser humano e resultados equitativos para todos.

Em conclusão, o futuro da colaboração homem-IA tem um enorme potencial para remodelar as indústrias, aumentar a produtividade e enfrentar desafios sociais prementes. Ao aproveitar as sinergias entre a inteligência humana e as capacidades das máquinas, podemos abrir novas oportunidades de inovação, criatividade e progresso. No entanto, a concretização desta visão exige medidas proactivas para enfrentar os desafios técnicos, éticos e sociais, incluindo a garantia de transparência, equidade e inclusão nos sistemas de IA, a promoção da aprendizagem ao longo da vida e o desenvolvimento da força de trabalho, bem como a promoção da colaboração interdisciplinar e da liderança ética. Através de esforços concertados e acções colectivas, podemos navegar pelas complexidades da colaboração entre humanos e IA e criar um futuro que seja tecnologicamente avançado e socialmente responsável.

Conclusão:

À medida que nos encontramos no limiar de uma nova era definida pela Revolução Algorítmica, o panorama da IA e dos algoritmos apresenta uma infinidade de oportunidades a par de desafios formidáveis. Olhando para o futuro, é crucial aprofundar as tendências emergentes, enfrentar questões de parcialidade e equidade, promover a colaboração entre humanos e IA e estabelecer quadros sólidos de cooperação e governação a nível mundial.

O ritmo da inovação em IA e algoritmos não mostra sinais de abrandamento. Prevemos avanços contínuos em áreas como a aprendizagem por reforço, a aprendizagem federada e a computação quântica. Além disso, a integração da IA em vários sectores tornar-se-á mais generalizada, levando à criação de novas aplicações que melhoram a eficiência, a produtividade e a qualidade de vida.

No entanto, ao adoptarmos estas tendências emergentes, é imperativo mantermo-nos vigilantes quanto às suas implicações sociais. As considerações éticas devem orientar o desenvolvimento e a implantação de tecnologias de IA para garantir que servem o bem maior e defendem os valores humanos fundamentais.

Um dos desafios mais prementes da IA é a questão da parcialidade e da equidade. Os algoritmos, embora poderosos, não são imunes aos preconceitos inerentes aos dados em que são treinados e ao contexto em que operam. Se não forem controlados, estes preconceitos podem perpetuar e exacerbar as desigualdades existentes, levando a consequências indesejadas e a danos sociais.

Para enfrentar este desafio, são necessários esforços concertados para desenvolver e implementar mecanismos para detetar, atenuar e documentar de forma transparente os enviesamentos nos algoritmos. Além disso, a promoção da diversidade e da inclusão nas equipas de investigação e desenvolvimento de IA pode ajudar a fomentar uma abordagem mais holística e equitativa à conceção e implementação de algoritmos.

Em vez de encarar a IA como um substituto da inteligência humana, devemos adoptá-la como uma ferramenta para aumentar as capacidades humanas. A colaboração entre o homem e a IA tem um enorme potencial para aumentar a criatividade, a resolução de problemas e a tomada de decisões em diversos domínios. Ao utilizar a IA para automatizar tarefas de rotina e fornecer informações valiosas, os seres humanos podem concentrar-se em tarefas cognitivas de ordem superior que requerem empatia, intuição e julgamento ético.

No entanto, para conseguir uma colaboração homem-IA sem falhas é necessário ultrapassar barreiras técnicas, culturais e organizacionais. Os investimentos na conceção de IA centrada no ser humano, na otimização da interface do utilizador e na colaboração interdisciplinar são essenciais para concretizar todo o potencial desta relação simbiótica.

Por último, o desenvolvimento e a implantação de tecnologias de IA transcendem as fronteiras nacionais, exigindo mecanismos de cooperação e governação a nível mundial. Dado que a IA molda cada vez mais o nosso futuro coletivo, é imperativo estabelecer quadros que promovam a transparência, a responsabilização e a inovação responsável.

A colaboração internacional na partilha de dados, desenvolvimento de normas e harmonização regulamentar pode promover a confiança entre as partes interessadas e facilitar a adoção ética e equitativa das tecnologias de IA. Além disso, o envolvimento proactivo com diversas vozes, incluindo decisores políticos, líderes da indústria, investigadores e organizações da sociedade civil, é essencial para garantir que a IA serve os interesses da humanidade como um todo.

Em conclusão, a Revolução Algorítmica é uma promessa imensa para remodelar o nosso mundo de forma profunda. Se adoptarmos as tendências emergentes, abordarmos os preconceitos, fomentarmos a colaboração entre humanos e IA e promovermos a cooperação global, podemos aproveitar o poder transformador da IA e dos algoritmos para criar um futuro que seja equitativo, inclusivo e sustentável para todos.

Capítulo 6. Conclusão
Introdução:

A Revolução Algorítmica impulsionada pela Inteligência Artificial (IA) não é apenas um avanço tecnológico; é uma mudança sísmica que está a redefinir o próprio tecido da nossa existência. À medida que nos encontramos no precipício de um futuro esculpido por algoritmos, torna-se cada vez mais evidente que o impacto desta revolução se estende muito para além do domínio da tecnologia. Permeia todas as facetas da sociedade, remodelando indústrias, economias e a forma como percepcionamos e interagimos com o mundo à nossa volta.

Nas secções anteriores, explorámos os princípios fundamentais da IA e dos algoritmos, aprofundando os seus mecanismos intrincados e as profundas implicações que têm para a humanidade. Assistimos à forma como os algoritmos de IA transcenderam o seu papel de meras ferramentas, evoluindo para entidades autónomas capazes de aprender, raciocinar e tomar decisões a níveis que rivalizam, e por vezes ultrapassam, as capacidades humanas. Dos cuidados de saúde e finanças aos transportes e educação, as aplicações da IA são tão diversas quanto transformadoras, prometendo revolucionar os sectores e melhorar o bem-estar humano de formas sem precedentes.

No entanto, no meio do potencial inspirador da IA existe um labirinto de desafios e dilemas éticos que exigem a nossa maior atenção. A Revolução Algorítmica pôs a nu a fragilidade das nossas estruturas sociais, expondo preconceitos sistémicos, ambiguidades éticas e vulnerabilidades que têm o potencial de exacerbar as desigualdades e injustiças existentes. As questões relacionadas com a privacidade dos dados, o enviesamento algorítmico e a utilização ética da IA são importantes, exigindo um esforço concertado para forjar um caminho que seja orientado por princípios de justiça, transparência e responsabilidade.

À medida que navegamos no território desconhecido da Revolução Algorítmica, é imperativo que abordemos o futuro com um sentido de otimismo cauteloso, reconhecendo tanto a imensa promessa como os formidáveis desafios que temos pela frente. A colaboração entre tecnólogos, decisores políticos, especialistas em ética e a sociedade em geral será crucial para traçar um rumo que maximize os benefícios da IA e, ao mesmo tempo, mitigue os seus riscos. Isto exige uma abordagem holística que dê prioridade não só ao avanço tecnológico, mas também à conceção centrada no ser humano, à governação responsável e ao compromisso de defender os direitos e valores fundamentais.

Em conclusão, a Revolução Algorítmica não é um destino, mas uma viagem - uma viagem em direção a um futuro em que as fronteiras entre o virtual e o físico, o artificial e o humano, se tornam insignificantes. É uma viagem que tem a promessa de desbloquear níveis sem precedentes de inovação, criatividade e progresso, ao mesmo tempo que exige introspeção, humildade e previsão ética. Ao embarcarmos nesta viagem, mantenhamo-nos firmes no nosso compromisso de aproveitar o poder da IA para melhorar a humanidade, garantindo que o futuro que moldamos não seja definido pelo medo ou pela incerteza, mas pela esperança, resiliência e capacitação colectiva.

6.1. Influência da revolução algorítmica

A Revolução Algorítmica é um testemunho da busca incessante da humanidade pela inovação e pelo progresso. A sua influência permeia todas as facetas das nossas vidas, remodelando indústrias, transformando economias e redefinindo o próprio tecido da sociedade. Ao reflectirmos sobre o seu profundo impacto, surgem várias ideias fundamentais.

Antes de mais, a Revolução Algorítmica desencadeou possibilidades sem precedentes em vários domínios, desde os cuidados de saúde e as finanças aos transportes e à educação. Através do poder da inteligência artificial e dos algoritmos avançados, assistimos a avanços notáveis no diagnóstico e tratamento de doenças, na análise e previsão financeira, nos transportes autónomos e na aprendizagem personalizada, entre inúmeras outras aplicações. Estes avanços prometem melhorar a qualidade de vida, aumentar a produtividade e promover uma maior inclusão e acessibilidade para as pessoas em todo o mundo.

No entanto, para além do seu enorme potencial, a Revolução Algorítmica também traz consigo uma série de desafios e complexidades. Os dilemas éticos que rodeiam a utilização de algoritmos de IA, como a parcialidade e a discriminação, levantam questões profundas sobre equidade, transparência e responsabilidade. Além disso, as preocupações com a privacidade e a segurança num mundo cada vez mais orientado para os dados sublinham a necessidade de salvaguardas e quadros regulamentares sólidos para proteger os direitos e as liberdades dos indivíduos.

Além disso, a Revolução Algorítmica perturba inevitavelmente os mercados de trabalho tradicionais e as estruturas socioeconómicas, levando a ansiedades generalizadas sobre a deslocação do emprego, a desigualdade de rendimentos e a polarização social. A resolução destas perturbações exige medidas proactivas para requalificar e melhorar as competências da mão de obra, promover o crescimento inclusivo e garantir um acesso equitativo aos benefícios do progresso tecnológico.

À medida que navegamos pelas oportunidades e desafios apresentados pela Revolução Algorítmica, a colaboração e a cooperação são mais críticas do que nunca. Construir um futuro que aproveite o potencial transformador da IA, salvaguardando ao mesmo tempo a dignidade e o bem-estar humanos, exige uma ação colectiva que ultrapasse fronteiras, sectores e disciplinas. É necessária uma investigação interdisciplinar, um diálogo aberto e um compromisso com valores e princípios partilhados.

Em conclusão, a Revolução Algorítmica não é apenas um fenómeno tecnológico; é uma transformação social de escala e complexidade sem precedentes. Abraçar o seu potencial e, ao mesmo tempo, mitigar os seus riscos requer uma abordagem holística que equilibre a inovação com a responsabilidade, a ambição com a humildade e o progresso com a compaixão. Trabalhando em conjunto, podemos traçar um rumo para um futuro em que a Revolução Algorítmica sirva como uma força para o bem, capacitando indivíduos e comunidades para prosperar num mundo em constante mudança.

À medida que navegamos pelos meandros da Revolução Algorítmica, uma das vias mais promissoras de exploração situa-se no domínio da Colaboração e Aumento Humano-IA. Esta parceria transformadora entre o engenho humano e a inteligência artificial tem o potencial de redefinir o próprio tecido das nossas sociedades, economias e indústrias. Através de uma colaboração sinérgica, podemos aproveitar os pontos fortes únicos dos seres humanos e das máquinas para enfrentar desafios complexos, desbloquear novas oportunidades e impulsionar-nos para um futuro de inovação e progresso sem paralelo.

No cerne da Colaboração Homem-IA está o reconhecimento das capacidades complementares dos seres humanos e dos sistemas de IA. Enquanto os humanos se distinguem pela criatividade, intuição e empatia, a IA destaca-se no processamento de grandes quantidades de dados, na identificação de padrões e na execução de tarefas repetitivas com precisão. Combinando estes pontos fortes, podemos ampliar a nossa inteligência colectiva e alcançar resultados que anteriormente eram inimagináveis.

Além disso, a colaboração homem-IA tem o poder de democratizar o acesso a tecnologias e conhecimentos avançados. Ao integrar ferramentas e algoritmos de IA em vários domínios, podemos capacitar indivíduos e organizações de todas as dimensões para melhorarem os seus processos de tomada de decisão, optimizarem as suas operações e gerarem um impacto significativo. Esta democratização promove a inclusão e a diversidade, abrindo caminho para uma sociedade mais equitativa e inclusiva.

No entanto, o caminho para uma colaboração efectiva entre humanos e IA não está isento de desafios. Temos de abordar as questões relacionadas com a ética, a privacidade e a parcialidade para garantir que os sistemas de IA são desenvolvidos e implementados de forma responsável. Além disso, temos de dar prioridade à transparência e à responsabilidade para manter a confiança nestes esforços de colaboração. Além disso, os esforços para melhorar as competências e requalificar a mão de obra serão essenciais para mitigar as potenciais perturbações causadas pela automatização e integração da IA.

Olhando para o futuro, as potenciais aplicações da colaboração entre humanos e IA são ilimitadas. Desde os cuidados de saúde e a educação até às finanças e à produção, todos os sectores podem beneficiar desta relação simbiótica. Imagine médicos a utilizar ferramentas de diagnóstico com IA para melhorar os cuidados dos doentes, educadores a utilizar plataformas de aprendizagem personalizadas baseadas em IA para satisfazer as necessidades individuais dos alunos, ou engenheiros a colaborar com sistemas de IA para conceber cidades e infra-estruturas sustentáveis.

Em última análise, o sucesso da colaboração entre humanos e IA depende da nossa capacidade de adotar uma mentalidade de aprendizagem, adaptação e inovação contínuas. Ao promover uma cultura de colaboração e partilha de conhecimentos, podemos aproveitar todo o potencial da IA para enfrentar os grandes desafios do nosso tempo e criar um futuro próspero, inclusivo e sustentável.

Concluindo, enquanto nos encontramos no precipício de uma nova era definida pela Revolução Algorítmica, aproveitemos a oportunidade para abraçar a Colaboração e o Aumento Humano-IA como catalisadores de uma mudança positiva. Ao trabalharmos lado a lado com os sistemas de IA, podemos desbloquear novas fronteiras do potencial humano e traçar um rumo para um amanhã mais brilhante. A viagem pode ser um desafio, mas as recompensas são ilimitadas para quem tiver coragem suficiente para embarcar neste caminho transformador. A Revolução Algorítmica não é apenas um fenómeno tecnológico; é uma transformação social de uma escala e complexidade sem precedentes. Abraçar o seu potencial e, ao mesmo tempo, mitigar os seus riscos requer uma abordagem holística que equilibre a inovação com a responsabilidade, a ambição com a humildade e o progresso com a compaixão. Trabalhando em conjunto, podemos traçar um rumo para um futuro em que a Revolução Algorítmica sirva como uma força para o bem, capacitando indivíduos e comunidades para prosperar num mundo em constante mudança.

6.2. Oportunidades e responsabilidades

A Revolução Algorítmica e a ascensão da Inteligência Artificial (IA) apresentam uma infinidade de oportunidades e responsabilidades que não podem ser exageradas. À medida que navegamos por esta era transformadora, torna-se cada vez mais evidente que a convergência do engenho humano e do poder computacional tem o potencial de redefinir praticamente todos os aspectos da nossa existência.

Uma das principais oportunidades reside no domínio da inovação e do progresso. Os algoritmos orientados para a IA já demonstraram a sua eficácia em vários domínios, desde os cuidados de saúde e as finanças aos transportes e à educação. Com os avanços contínuos na investigação e tecnologia da IA, estamos à beira de descobertas que poderão revolucionar a forma como enfrentamos alguns dos desafios mais prementes da humanidade, desde a cura de doenças até à atenuação das alterações climáticas.

Além disso, o advento da IA oferece oportunidades sem precedentes para o crescimento económico e a prosperidade. Ao automatizar tarefas de rotina e ao aumentar a produtividade, a IA tem o potencial de abrir novas vias para a criação de riqueza e de oportunidades de emprego. Além disso, as inovações impulsionadas pela IA podem racionalizar processos, otimizar a atribuição de recursos e catalisar eficiências em todos os sectores, promovendo uma economia global mais sustentável e equitativa.

No entanto, juntamente com estas oportunidades vêm responsabilidades profundas que não devem ser negligenciadas. Como administradores desta tecnologia transformadora, temos o dever de garantir que a IA é desenvolvida e implementada de forma ética, equitativa e responsável. Isto implica abordar questões de parcialidade e justiça nos algoritmos, salvaguardar a privacidade e a segurança dos dados e promover a transparência e a responsabilidade nos sistemas de IA.

Além disso, à medida que a IA se integra cada vez mais na nossa vida quotidiana, devemos dar prioridade ao bem-estar e à capacitação dos indivíduos e das comunidades. Isto significa garantir que as tecnologias de IA são concebidas com valores centrados no ser humano e que aumentam, em vez de substituir, as capacidades humanas. Além disso, devemos trabalhar ativamente para colmatar o fosso digital e garantir um acesso equitativo às oportunidades impulsionadas pela IA, particularmente para as populações marginalizadas e mal servidas.

Para além destas considerações imediatas, temos também de lidar com as implicações sociais mais vastas da IA e dos avanços algorítmicos. Isto inclui abordar os potenciais impactos no emprego e nos mercados de trabalho, reimaginar os paradigmas da educação e da formação para a era da IA e navegar na complexa paisagem geopolítica da concorrência e cooperação da IA.

Em conclusão, a Revolução Algorítmica e a ascensão da IA representam um momento transformador na história da humanidade, repleto de promessas e perigos. À medida que aproveitamos o poder dos algoritmos para moldar o futuro, devemos permanecer vigilantes na defesa da nossa responsabilidade colectiva de orientar esta tecnologia para um futuro que não seja apenas tecnologicamente avançado, mas também eticamente sólido, socialmente justo e inclusivo para todos. Só abraçando esta responsabilidade partilhada é que poderemos verdadeiramente desbloquear todo o potencial da IA para enriquecer e capacitar a humanidade para as gerações vindouras.

Conclusão:

Em conclusão, a Revolução Algorítmica representa uma mudança monumental na forma como percepcionamos e interagimos com a tecnologia, remodelando o próprio tecido da nossa sociedade.

Começando por explorar a Definição e o Âmbito da Revolução Algorítmica, torna-se evidente que este fenómeno transcende o mero avanço tecnológico. Abrange uma redefinição fundamental da nossa relação com as máquinas, uma vez que os algoritmos se tornam a pedra angular da inovação e do progresso modernos.

Aprofundando o contexto histórico e a evolução desta revolução, traçamos as suas raízes até aos primeiros desenvolvimentos da computação e da inteligência artificial. Desde os quadros teóricos estabelecidos por pioneiros como Alan Turing até às aplicações práticas observadas nas tecnologias de ponta actuais, o percurso da evolução algorítmica é marcado pela perseverança, inovação e aperfeiçoamento contínuo.

O significado da revolução algorítmica na sociedade moderna não pode ser exagerado. Ela permeou todos os aspectos das nossas vidas, revolucionando indústrias, transformando economias e redefinindo o potencial humano. À medida que os algoritmos automatizam cada vez mais as tarefas, optimizam os processos e aumentam as capacidades humanas, prometem resolver alguns dos desafios mais prementes da humanidade.

No centro desta revolução estão os Fundamentos da IA e dos Algoritmos. Compreender a Inteligência Artificial (IA) é essencial para compreender o poder transformador dos algoritmos. Da aprendizagem automática às redes neuronais, estas tecnologias permitem que as máquinas aprendam com os dados, se adaptem a novas situações e executem tarefas que outrora eram do domínio exclusivo da inteligência humana. No entanto, estes progressos são acompanhados de considerações de carácter ético e social. Garantir o desenvolvimento e a aplicação responsáveis da IA é crucial para atenuar os riscos potenciais e maximizar os seus benefícios para a humanidade.

As aplicações da revolução algorítmica abrangem vários domínios, cada um mostrando o imenso potencial das soluções baseadas em IA. Nos cuidados de saúde e na medicina, os algoritmos ajudam no diagnóstico de doenças, na descoberta de medicamentos e em planos de tratamento personalizados, revolucionando os cuidados aos doentes. Nas finanças e na economia, os algoritmos de negociação algorítmica e de gestão de riscos impulsionam a eficiência e a inovação nos mercados globais. Os transportes e a logística beneficiam de algoritmos de otimização de rotas, enquanto o ensino e a aprendizagem são melhorados através de plataformas personalizadas e avaliações adaptativas.

No entanto, os impactos da Revolução Algorítmica não estão isentos de desafios. As perturbações económicas e as transformações do emprego suscitam preocupações quanto ao desemprego e à desigualdade de rendimentos. As mudanças sociais e culturais provocadas pelas tecnologias de IA exigem um diálogo e uma adaptação contínuos. As preocupações com a privacidade e a segurança exigem salvaguardas sólidas para proteger os direitos e os dados das pessoas. Os desafios regulamentares e jurídicos devem abordar as complexas implicações éticas e jurídicas da implantação da IA.

Olhando para as perspectivas e os desafios futuros, as tendências emergentes no domínio da IA e dos algoritmos são simultaneamente promissoras e incertas. É fundamental abordar a questão da parcialidade e da justiça nos algoritmos para garantir resultados equitativos para todos os indivíduos. A promoção da colaboração entre humanos e IA e o aumento da capacidade de trabalho pode desbloquear novos níveis de produtividade e criatividade. A cooperação e a governação globais são essenciais para orientar o desenvolvimento da IA para um futuro que beneficie toda a humanidade.

Em conclusão, a Revolução Algorítmica representa um momento decisivo na história da humanidade, com o potencial de moldar a trajetória da civilização para as gerações vindouras. Como estamos no precipício desta fronteira tecnológica, é imperativo que a abordemos com sabedoria, previsão e um compromisso de aproveitar o seu poder para o melhoramento da sociedade como um todo.

7. Bibliografia

1. D. Wang, D. Zhang, Y. Zhang, M. T. Rashid, L. Shang e N. Wei, "Social Edge Intelligence: Integrating Human and Artificial Intelligence at the Edge", 2019 IEEE First International Conference on Cognitive Machine Intelligence (CogMI), Los Angeles, CA, EUA, 2019, pp. 194-201, doi: 10.1109/CogMI48466.2019.00036.

2. Y. Liu, "Application of Artificial Intelligence Algorithm in Indoor Virtual Display System," 2022 Fourth International Conference on Emerging Research in Electronics, Computer Science and Technology (ICERECT), Mandya, India, 2022, pp. 1-5, doi: 10.1109/ICERECT56837.2022.10060374.

3. C. Tang, Z. Wang, X. Sima e L. Zhang, "Research on Artificial Intelligence Algorithm and Its Application in Games", 2020 2nd International Conference on Artificial Intelligence and Advanced Manufacture (AIAM), Manchester, Reino Unido, 2020, pp. 386-389, doi: 10.1109/AIAM50918.2020.00085.

4. X. Wang e Y. Sun, "Aplicação de inteligência artificial da tecnologia de realidade virtual na criação de arte em meios digitais", 2021 2.ª Conferência Internacional sobre Ciência da Informação e Educação (ICISE-IE), Chongqing, China, 2021, pp. 1669-1672, doi: 10.1109/ICISE-IE53922.2021.00369.

5. S. Tyagi, H. Kargeti, R. Tiwari, S. S. Chauhan e R. Kumar, "Unveiling Revolutionary Applications of Intelligent Technologies Like AI and ML in Real-World Settings", Conferência Internacional de 2023 sobre Tecnologias Avançadas de Computação e Comunicação (ICACCTech), Banur, Índia, 2023, pp. 581-585, doi: 10.1109/ICACCTech61146.2023.00099.